面食
就要这样做

一次学会冷水面、烫面、油酥面

赵柏淯 ★ 著

辽宁科学技术出版社
·沈阳·

作者 Author

赵柏淯

经历
翠姨熟食专卖坊负责人
我心亦然简餐店烹调技术指导
打破沙锅专卖店烹调技术指导
吃小吃餐饮店烹调技术指导
风雅文山咖啡简餐店烹调技术指导
赵老师美馔坊负责人

证照资格
中餐烹调技术士丙级执照
中餐烹调技术士乙级执照
烘焙中点、面包技术士丙级执照
中式面食加工技术士丙级执照

著作
《一碗面》、《一碗饭》、《来块饼》、《南洋料理》、《五分钟
凉面凉拌菜》、《爱吃重口味100》、《赵柏淯的招牌饭料理》、
《赵柏淯的私房面料理》、《发面就是要这样做》

现任
青年服务社烹饪班创业小吃、南洋料理、面食、小馆热炒指导教师
板桥市教育中心烹饪班创业小吃指导教师
景美教育中心烹饪班台湾小吃、小馆热炒、面食指导教师
永和市教育中心烹饪班小馆热炒指导教师
新店教育中心烹调班台湾小吃料理指导教师

前 言 Preface

在我的青少年时期，因为邻居山东妈妈的水饺与煎包的美味，影响了我这个广东纯南方人的饮食，不论个性、外表及口音，都像极了北方大妞的味道。我除了喜爱吃面食，更是不吝传授这些食物的制作方法，希望学员们将它好好地传承下去。当编辑老师要我写本老面发酵的食谱书时，当时她叮嘱第二本水调面及油酥面食谱也要接续完成。于是我利用授课之外的时间，尽速整理数据编写这本食谱，当然，也非常感谢参与本书制作所有辛劳的伙伴，本书才得以完成付梓上市。

本书内容里有养生健康面条制作、五色面条及北方地道风味的水饺肉馅、热门且多种口味的早餐蛋饼、北方家常面饼（筋饼、炒饼、烙饼、豆腐卷等）、市场近期很夯的新疆饼及宜兰葱饼、面食小馆的基本款（韭菜合子、锅贴、馅饼、蒸饺等）、烘焙店中式点心（蛋黄酥、绿豆凸、蛋挞等），还有苏杭的一些酥饼皮产品。

因为我个人的成长背景，让我接触并认识了正统老北方面食风味，以及对美食口感的挑剔与坚持，个人兴趣与近15年的教学经验、研究，对中式的面食有份深厚的情感，也一直期盼能将它代代传承下去，所以来跟我学习面食的学员们，亦希望我将面食的制作方法书写为食谱以便复习，这就是本书产生的始因。

本书在制作的方法及配方上都有很详尽的叙述，面食小吃里有许多适合小本创业的产品，对有创业需求的朋友来说是值得探讨的。创业路是艰辛的，要有万全准备才能成功。

市面上面食书籍很多，本书非常值得读者参考与研究，但因个人才学不够，或有不尽之处，盼读者多多指导，给予支持与鼓励，让我的面食功力更加精进。

赵柏淯

目录

准备篇

冷水面篇

面条家族登场
面条类

最受欢迎人气面点

面食小馆家常代表
面皮类

面糊类

烫面篇

油酥面篇

单位计量

g＝克

1小匙＝5毫升

1大匙＝15毫升

准备篇 ▶▶▶

何谓"冷水面"？
何谓"烫面"？
何谓"油酥皮"？

认识面食制作的材料

高筋面粉

蛋白质含量11.5%以上，筋性较强，用来制作春卷皮、吐司、包馅面包等，可在超级市场、大卖场、大型杂粮行、制作面条店和烘焙材料行购买。

低筋面粉

蛋白质含量6.5%以上，筋性较弱，常用于制作蛋糕、饼干、中西式点心，可到一般超级市场、烘焙材料行、大卖场、大型杂粮行购买。

中筋面粉

也称为"普通面粉"，蛋白质含量8.5%以上，筋性较弱，适合制作南方风味较松软口感的面食、中西式点心，可到一般小型杂货店、超级市场、烘焙材料行、大卖场、大型杂粮行购买。

中筋粉心面粉

也称"粉心粉"，蛋白质含量10.5%以上，可制作北方风味具嚼劲的面食，以及中式发面面食、面条等。

全麦面粉

保留部分麸皮与小部分胚芽，营养成分比一般白面粉完整，含有丰富纤维、微量矿物质和维生素，能帮助消化。

绿豆淀粉、绿豆仁粉

绿豆淀粉是由绿豆分解出来的，粉质细而白，加入沸水呈透明的胶体状，加入制作面条会有点弹牙。绿豆仁粉即绿豆去皮为黄色的豆仁经研磨成的淡黄色细粉。

苏打粉

苏打粉也称"碳酸氢钠"，为一种白色粉末状的碱性盐，易溶于水中，使产品膨大、组织松软，但不能添加太多，否则会有强烈的碱味（类似肥皂味），不需要长时间发酵，适用于西点，用于中和酸碱值。

澄粉（小麦淀粉）

又称为"澄面"、"汀粉"，是将面粉经过水洗的方法去除其筋性，将沉淀的粉质烘干而成，作用为降低面粉筋性，使产品有松、软、绵的口感。专用在虾饺、叉烧包等广式点心。

荞麦粉、胚芽、玉米粉

荞麦粉是由荞麦粒研磨成的细粉，高蛋白质含量，又低脂肪，是营养价值很高的健康食品。它没有筋性，故要加入面粉才可制作成面皮或面条。胚芽又叫麦芽，是小麦的胚芽必须用烘烤过的熟胚芽。玉米粉是由玉米提炼出来的淀粉，与淀粉类似，具有凝胶的作用。

碱粉

又称"碳酸钠"、实用碱粉、"碱块"，为白色粉末或块状，也溶于水中，广泛运用于中式发酵面食。作用为中和面团的酸味，通常以碱粉1：冷水4（或热水）的比例溶解成碱水使用。

泡打粉

也称"蛋糕发粉"、"发泡粉"，为白色粉末状，是由碱、酸性原料、填充物混合而成的膨大剂，遇水与高温时会产生二氧化碳，能使产品膨大、组织松软，不需长时间发酵，适用于中西式点心。

速溶酵母粉(快速酵母)

是新鲜酵母经低温干燥浓缩制成的略呈乳黄色的细小粉末。有500克的大包装和家庭用15~20克的小包装，使用时直接与面粉和水拌揉（也可先溶于水中，再与面粉拌揉，效果更好）。用量省，发酵速度快。

烧明矾

酸性材料，呈灰色细粉状，溶解于水中，可增加面团的筋性，与碱粉、小苏打粉混合会产生二氧化碳气体，使面团体积膨胀、松软，通常用于糕饼和油条产品。

食用色素

食用色素是使产品外观好看或馅料调色时所添加的一种化学或天然花果萃取的可食用的色料，大部分为红、黄两色。

碱油

又称为"粳粽油"，由重质纯碱、水、焦糖制成，多用于碱粽制作。

猪油

为动物性油脂，用猪肥肉和板油熬炼，颜色洁白，呈液体状，天冷时为凝结状，融合性佳，具天然香味，是制作中式面食常用的油脂。

白油

烘焙用油，是由植物油和动物油脂中提取原油，经由"氢化作用"过程，使其脂肪酸变成饱和脂肪酸且呈硬脂状，无臭无味。但经过氢化后会有反式脂肪，长期食用不利健康，本书添加为最低用量。

色拉油

又称为"大豆油"、"黄豆油"，是由黄豆中提炼出来的液体植物油，淡黄色透明状，在高温下容易变黑与黏稠，因此油炸食品时要经常换油。

奶油

奶油是用牛的脂肪或肥肉提取出加入牛奶及加工炼油所需的一些专业添加物制成的，多用在馅料内增加香味。

虾皮、虾米、虾油

虾皮是由软壳的小幼虾煮熟烘烤干的，淡黄色带薄皮的熟虾，因肉质少，全是虾壳（软皮），故称"虾皮"。虾米是硬壳肉质肥大的虾，经煮熟烘烤干的红橘色干硬的熟虾干。虾油是一种调味料，用小虾制作而成。

蛋

在中式面点中，一般产品在入炉烘烤之前，表面都会刷上1~2次蛋黄液，用以增色。蛋黄的油脂具有良好的乳化性，让材料容易搅拌均匀；而蛋白能使组织膨松质地细致。

咸蛋黄

咸蛋黄是用鸡蛋或鸭蛋加重盐腌渍的。鸭蛋制作的较红，口感好又香，一般用于馅料内，如做月饼、蛋黄酥等。

红曲酱（红曲粉）

红曲为热门的保健食品，可有效降低人体胆固醇和血脂，也有防腐的效用。本书用于制作面条时加入，以增添风味。面粉拌入红曲粉会比红曲酱来得效果好。

青葱

各式葱油饼、面饼常常加入的食材，多切成葱花撒入擀好的面团中。特殊的葱香味，让面食产品层次更丰富。

麦芽膏

麦芽膏又叫"麦芽糖"，有透明白色及淡淡棕色两种，它是用工业技术将砂糖熬煮而成的，有甜味麦香及黏稠，大部分用于馅料的调制。

白芝麻、黑芝麻、烤熟芝麻

白、黑芝麻通常用在面食表皮的装饰上。黑芝麻经过烘烤研磨成细粉，可当馅料使用或制作一些养生的面点产品。烤熟芝麻通常会加入馅料内，增添风味。

竹炭粉、芋头粉

竹炭粉是利用高科技将竹炭研磨成粉，近年来流行将其少量添加在食品中，一般认为竹炭粉具有养生功能，可促进肠胃蠕动，助消化、排除体内杂质。芋头粉是芋头经蒸熟烘烤萃取研磨成极细的粉末再加入色素、芋头香料而成。

鱼露

鱼露又名"味霖"，带有腥、鲜、咸的味道，呈现淡棕色液体状，为东南亚一带菜肴的调味圣品，是由小鱼捣烂经发酵调制而成的，如中国人所使用的酱油。

辣椒粉、咖喱粉

辣椒粉是由新鲜辣椒经晒干或烘烤，经过研磨而成的红色碎粒状，有粗粒状、细粉状、极细粉状之分。咖喱粉是由肉桂粉、月桂粉、小茴香粉、胡荽粉、豆蔻粉、黑胡椒粉、胡卢巴子粉、丁香粉、姜黄粉等数种香料粉，加入辣椒粉混合调配成的橘黄色的特殊香料。

绿豆沙、红豆泥、芋泥

绿豆加清水以小火熬煮至绿豆仁与绿豆壳分开，过滤掉水及绿豆壳之后，再加入糖、油以小火慢慢炒至水分收干而成绿豆沙。红豆沙也如绿豆沙做法。芋泥即芋头削皮切片蒸熟，趁热压碎加入糖、油、适量的玉米粉，以小火慢慢炒匀而成，呈现团状。

花椒

花椒是一种香辣带麻的香料，要经过瞬间加热，辣味与香味才会更香、辣、麻。

细砂糖、二砂糖

细砂糖洁白，颗粒整齐均匀，是制作面点、西点、蛋糕的主要产品。二砂糖颗粒较粗，有点糖蜜的风味，面点上不常用，但偶尔会用在馅料内，增添特殊嚼感。

绵白糖、糖粉

糖粉又称"糖霜"，是将细砂糖研磨成粉，添加少许玉米淀粉以防潮湿，使用时要过筛，常用于点心面皮及西点的表面霜饰。绵白糖又称"贡白糖"，常用在中式面点的制作，如果面皮或馅料里水分较少，糖不易溶解时，就会用到绵白糖，它可与糖粉互相替代使用。

认识面食制作的器具

磅秤
一般使用的磅秤有弹簧秤和电子秤两种，电子秤较弹簧秤更能量出精准的重量。

蒸笼

竹蒸笼有竹香，蒸笼盖会吸水汽，包子表面不会被水滴到。竹蒸笼用完清洗后将每层（包括笼盖）空蒸15~20分钟，放置通风之处，较不易长霉（不能用东西包住）。不锈钢蒸笼容易清洗、不会长霉，但缺点是不能吸水汽与散发竹香，蒸时在笼盖与最上一层间铺上一块厚的纱布，有助于吸收水蒸气。

擀面棍
用于将面皮擀平整形。有各种长度和粗细大小，一般使用30厘米长即可。

不锈钢盆
有大小之分，用于打蛋、拌和或盛装材料。

毛刷
用于在面皮上涂刷蛋液或水。

蒸笼蜡纸（油纸）
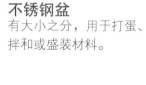

卫生、方便、不粘产品底部，也能重复使用，已剪裁好各式大小规格，可在烘焙材料店购买。

纱布
3~4层厚度，边长50~60厘米的正方形，用于覆盖面团。若用纱布垫产品来蒸，需要4~5层纱的厚度，若纱布太薄，蒸汽会将纱布蒸干，产品底部会粘住，取出时易破皮漏馅；如纱布太厚则会吸收过多的水汽，布太湿拖住产品底部，影响其膨胀，出炉时底部的面皮会湿黏。纱布如再次使用要搓洗干净、擦干。

包馅匙
有竹制和不锈钢制两种，规格大小可依个人喜好决定，烘焙材料店有售。

面刀
有硬、软两种，硬的用于分割面团，软的用于刮平或刮除面糊。

何谓"冷水面"？

　　"冷水面"，是面粉加入了冷水（25～30℃）调制成的水调面产品的总称。当面粉内的蛋白质与水结合之后，就会形成面筋；面粉内加入少量的水经搓揉后，形成强韧而紧实的面团，而加入多水量经调拌后则成稀软的面糊，所以冷水面水量的多少，是根据产品的特性与个人喜爱而决定的。一般冷水面的面食有面团类及面糊类两种。

面团类的面食

　　将面团擀成薄面皮状，再用刀子切成条状，即为一般所称的面条；将面团压薄，再用模型压成圆皮状（或用擀面棍擀成），即为饺子皮；切成小方形状，则称为馄饨皮；如用手掐捏成不规则的小面皮，就称为面疙瘩；形状卷起似猫咪的小耳朵，则称为猫耳朵。

面条

猫耳朵

面疙瘩

面糊类的面食

　　面糊倒入平底锅内摊薄，即为淋饼；面糊装入碗内，用竹筷沿着碗的边缘将面糊拨入沸水内煮熟，则称为拨鱼面。

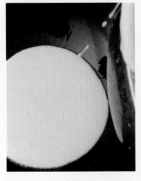

淋饼

拨鱼面

冷水面团的制作流程

搅拌（和面）→揉面→松弛（醒）→擀压均匀→擀开为光滑长方形面皮→折叠（3～5层）→刀切成条状

搅拌： 面粉倒入不锈钢盆内，加入冷水用手（手掌张开）同一方向、用画圆圈方式快速搅拌，将钢盆周边的面粉往钢盆中心点集中拌成团（因水分都沉淀在钢盆底部）（图1～图4）。

揉面： 将钢盆内粗糙的面团取出，放在工作台上，用双手将面团搓揉至均匀、光滑（图5～图7）。

醒： 光滑的面团盖上湿布或用保鲜膜、塑料袋包紧，也可用钢盆覆盖着（图8）。

擀压均匀： 用擀面棍将面团压成厚度均匀的厚面皮（图9）。

擀为光滑面皮： 再上下左右来回擀压成长方形薄面皮（图10）。

折叠： 将面皮折叠3～5层（每层之间撒上一层淀粉，以防面皮粘黏，图11）。

刀切： 用刀子切成条状（图12）。

【搅拌】

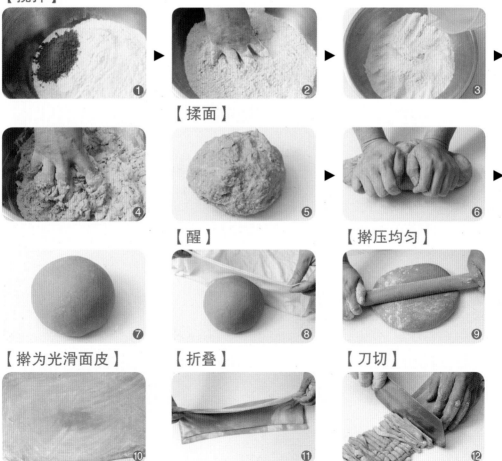

【揉面】

【醒】　【擀压均匀】

【擀为光滑面皮】　【折叠】　【刀切】

冷水面糊的制作流程

搅拌（和面）→松弛（醒）→摊成薄饼或入沸水内制熟

搅拌： 面粉倒入不锈钢盆内，加入冷水用搅拌器搅拌至面糊均匀、光滑（图1、图2）。

醒、熟制： 面糊盖上湿纱布，静置10~15分钟，接着摊成薄饼或入沸水内制熟（图3）。

【搅拌】→【醒】

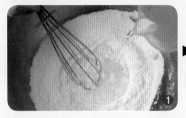 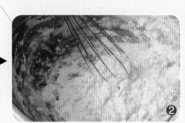

【熟制】

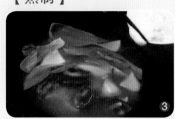

冷水面团、面糊制作的注意事项

1. 制作冷水面时，和面速度要快，揉面时手劲要强，面团要滚动搓揉，不能原地按压，面团需揉至光滑均匀；如果揉不动，可套入塑料袋内醒10~15分钟再揉制，如此很快就会光滑细致。

2. 面团和面糊一定要经过松弛的程序，面筋才会安定，否则面团会缩来缩去，无法进行下一阶段的工作，而面糊也无法摊成又圆又薄的饼皮。

3. 面团擀压成面皮时，力道要均匀，面皮厚薄才会一致。切面时粗细要均等，生面条没有吃完，分装好放入冰箱冷冻可保存1个月。

4. 煮面条时，必须注意锅子要深，口径要大，水量要多，火力要旺。水沸之后，放入面条，接着快速将面条挑散，时间要控制好，才能煮出弹性很好的面条。

5. 冷水面团如果没做完(尽量做完)，可放入冰箱冷藏，可保存3天，但面团将会很湿黏，此时只有再加入干面粉调和补强，但口感将会差些。

6. 制作冷水面糊时，搅拌要均匀，不能有面粉颗粒。面糊要盖上湿布，表层才不会结皮。

何谓"烫面"？

"烫面"，是面粉加入了热水调制成的水调面产品的总称。烫面所加入的水一般在37～100℃，而以此温度范围的水和出来的面团制成的面食产品，故称之为烫面。

烫面皮的产品会因产品的特性、口感及个人喜爱而调制，如用水温37～55℃和的面团，称为温水面团，比冷水面团来得柔软一些，适用于入沸水煮食的水饺。用水温55～75℃和的面团，称为热水面团，就更柔软，其筋性差、韧性弱、拉力小，但可塑性好，适合做蒸制类的产品，如蒸饺、烧卖或韧性较强的烙饼类和烤饼类。如用水温80～100℃和出的面团，称为全烫面团，其筋性、韧性、拉力完全都没有了，只适用于以澄粉为原料的广式饮茶点心，如虾饺、粉果等。

本书所介绍的各式薄饼类烫面的手法，是加入大部分100℃的沸水及小部分的冷水和的面团，如此做出来的面皮，口感柔软中又带点嚼劲，如葱油饼、韭菜合子、蛋饼、锅贴等。

加入有热度的水

为何要烫面？

如果用冷水面的面团来制饼，经由烙、烤、煎或蒸熟而成，其口感强韧、脆、硬、干，无法入口，所以要加入有热度的水，来降低面粉内蛋白质的筋性。另外，面粉内的淀粉，经与热水结合会产生糊化现象，面团就会膨胀和黏度增加，经过烙、煎、烤制熟后的产品，口感松软、酥脆，面皮香气十足，而且还带点甜味。

烫面面团的制作流程

搅拌（和面）→揉面→松弛（醒）→分割→整形→包馅→熟制（煎、烙、烤、炸）

搅拌：面粉倒入不锈钢盆内，先入沸水，接着马上加入冷水，用擀面棍同一方向、用画圆圈方式快速搅拌成团，将钢盆周边的干面粉，往钢盆中心点集中成团（因水分都沉淀在钢盆底部）（图1~图3）。

揉面：将钢盆内粗糙的面团取出，放在工作台上用双手将面团滚动、搓揉至均匀光滑，如果面团内需要加入油脂，就在此阶段加入，揉面的时间不能超过5分钟（图4）。

醒：光滑的面团盖上湿纱布或用保鲜膜、塑料袋包紧，也可用钢盆覆盖（图5）。

分割：视产品的需要将面团分成大小均一的规格（图6）。

整形：就产品所需要的形状进行捏塑，如整形后的产品需要松弛(醒)，千万不可忘记（图7、图8）。

包馅：产品如包入馅料，重量必须要一样，如包馅后需要松弛，不可忘记（图9、图10）。

熟制：视产品需要蒸、烙、煎或烤，须注意火力大小、时间及温度（图11）。

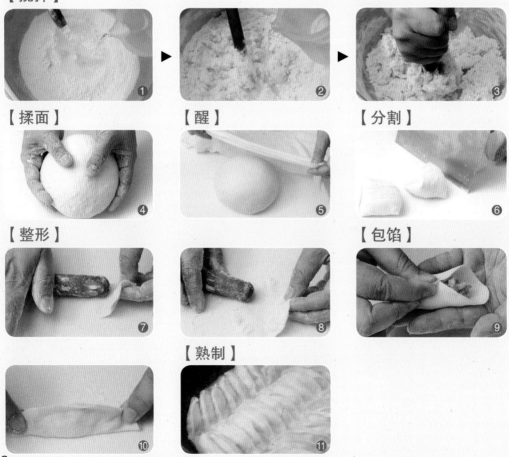

【搅拌】 ❶ ❷ ❸
【揉面】 ❹ 【醒】 ❺ 【分割】 ❻
【整形】 ❼ ❽ 【包馅】 ❾
❿ 【熟制】 ⓫

烫面制作的注意事项

1. 烫面时一定要先加入沸水，接着加冷水，顺序不能错，用擀面棍和面（面团相当热，要小心烫伤）速度要快，赶快将钢盆边的面粉和进中心点的面团内，时间不能超过5分钟。

2. 揉面时手不需要太用力，以一般的力量就够了，面团要滚动搓揉，不能原地按压，如面团太湿黏，可用双手掌蘸面粉揉4~5次，面团就不会粘手了（千万不可随意添加面粉），揉至光滑均匀，不能超过5分钟。

3. 揉好的面团，一定要套上塑料袋或盖上湿布，不能让表皮干硬。另外，面团要"醒"，且醒的时间要视产品的需要，不能减少，15~30分钟不等：天气热，醒的时间短；反之天气稍凉，醒的时间就要久一些。

4. 产品在分割、整形、包馅时，都要盖上湿布，如果面皮变干硬了，熟制的口感就受损了。

5. 整形、包好馅的产品，如不制熟，可入冰箱冷冻1个月，但风味、口感不如现做的好吃。

6. 熟制好的成品，没有吃完，可放入冰箱冷藏2~3天，再回锅烙、烤、煎、蒸，但是风味、口感会差一些。

7. 烫面的面皮如果没做完（尽量做完），可放入冰箱冷藏，约保存3天，但面团将会很湿黏，只有再加入干面粉调和，但口感将会变得差一些。

何谓"油酥皮"?

　　油酥皮面食，系由油皮与油酥两种不同性质的面团相间组合而成的，又称油皮、酥皮等。即油皮包入油酥，经过压、擀、卷等动作制成的多层次的面皮，接着再包入各种馅料，整形成各式花样，就是油酥皮面食了。

油酥皮的制作原理

　　油皮是由水、油、面粉经过搓揉至面团光滑而有弹韧性的面团，油酥是油脂与面粉调制的面团，两者结合成一个面团，再经过压、擀、卷、压、卷（或折）等多道程序，所以结构为一层油皮、一层油酥。

　　水与面粉内的蛋白质形成面筋，与油脂结合会使面皮柔软而更有弹性，才能将油酥包住，又可保住气体。油皮经加热后会产生一层层薄而不易碎的脆皮；油酥经加热后，油中的水分蒸发使面粉颗粒间因受热散开而产生间隙，形成很强的酥性，所以油酥皮面食经过熟制后的产品，具有多层次膨松的体积与酥、松、脆的口感。

油酥皮的制作流程

◎油酥皮的制作流程：

搅拌（和面）→揉面→松弛（醒）→分割→包入油酥→擀卷（两次后呈筒柱状)→松弛（醒）→包馅或整形→熟制（煎、烙、烤、炸）

◎油皮的制作：

搅拌（和面）→揉面→松弛（醒）→分割

搅拌：面粉、油、糖放入不锈钢盆内，加入清水，用手顺着同一方向搅拌成团（图1）。

揉面：面团放置工作台上以双手揉至均匀、光滑（图2）。

松弛：将面团盖上湿布静置15～30分钟不等（图3）。

分割：将油皮分割成所需大小（图4、图5）。

◎油酥的制作：

低筋面粉＋猪油轻轻搅拌均匀（和面）→分割（图6~图9）

◎油皮包入油酥的整形：

包入油酥→擀卷（两次后呈筒柱状）→松弛（醒）→包馅或整形→熟制（煎、烙、烤、炸）

包入油酥：油皮包入油酥，呈小面团状（图10~图12）。

擀卷：用手将小面团轻压，再用擀面棍擀长卷折两次（图13~图16）。

松弛：呈现筒柱状，醒15～30分钟不等（图17）。

包馅或整形：包入馅料或需整形（图18、图19）。

熟制：(刷上蛋液)放入烤箱烤或入平底锅煎烙或油炸（图20）。

油皮的制作：【搅拌】【揉面】　　　　【松弛】　　　　【分割】

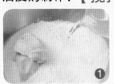
❶

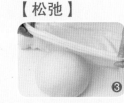
❷

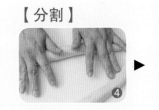
❸

❹

油酥的制作：【和面】

❺

❻

❼

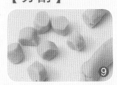
❽

【分割】　　　　油皮包入油酥的整形：【包入油酥】

❾

⑩　　　⑪　　　⑫

【擀卷】

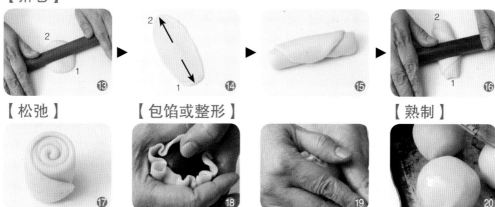

【松弛】　　　【包馅或整形】　　　　　　　　　　　　　　　　【熟制】

油酥皮制作的注意事项

1. 拌和油酥时，要轻轻的，不可用力搓揉。
2. 油皮与油酥的重量均一。
3. 油皮、油酥都要随时覆盖包住，防止干裂。
4. 擀皮时不可太用力，力道须适中、厚薄均匀，不可来回多次擀折（如会粘黏，工作台抹上少许油脂，不可用干面粉）。
5. 擀成圆面皮时，要中间微厚边缘薄，包馅收口处不可太厚。
6. 擀卷或包馅时松弛（醒）的时间要充足。

油酥皮面食的最佳拍档——猪油的制作

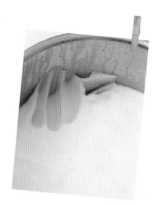

◎猪油的制作：

将600克肥肉冲洗干净后，放入炒锅内加入半碗清水，以中火煮至锅内水干。

转小火将肥肉煎炸出油脂。

待肥肉缩小为小块状，且呈金黄色，随即马上关火，滤掉油渣，即为猪油。

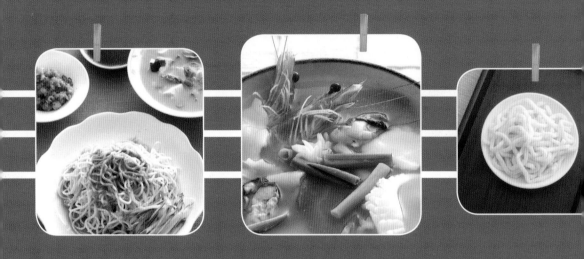

冷水面篇 ▶▶▶

面条家族登场
最受欢迎人气面点
面食小馆家常代表

黑黄白绿红五彩缤纷面条

手工白面条

●成品约750克

材 料

中筋面粉（粉心面粉）500g，冷水225～250g，盐5g

做 法

1. 冷水、盐先溶解。
2. **做法1**和面粉混合均匀揉至光滑，放置一旁醒15～20分钟。
3. 将**做法2**面团擀成0.2～0.3厘米厚、30厘米宽的长方形面皮，抹上一层淀粉，再折叠成4～5层，切成长条状即成。

手工鸡蛋面条

●成品约770克

材 料

中筋面粉（粉心面粉）500g，全蛋汁100g，冷水170g，盐5g

做 法

1. 全蛋汁、冷水、盐混合均匀。
2. **做法1**和面粉混合均匀揉至光滑，放置一旁醒15～20分钟。
3. 将**做法2**面团擀成0.2～0.3厘米厚、30厘米宽的长方形面皮，抹上一层淀粉，再折叠成4～5层，切成长条状即成。

手工竹炭面条

●成品约780克

材 料

中筋面粉(粉心面粉)500g，冷水225～250g，竹炭粉30g，盐5g

做 法

1. 冷水、盐混合均匀，面粉、竹炭粉过筛。
2. **做法1**混合均匀揉至光滑，放置一旁醒15～20分钟。
3. 将**做法2**面团擀成0.2～0.3厘米厚、30厘米宽的长方形面皮，抹上一层淀粉，再折叠成4～5层，切成长条状即成。

手工翡翠面条

● 成品约750克

材　料

中筋面粉（粉心面粉）500g，绿色蔬菜汁30g（波菜120g），盐5g

做　法

1. 菠菜120g、清水100g入果汁机搅成蔬菜汁，过滤掉菜渣之后，加盐溶解备用。

2. 做法1和面粉混合均匀揉至光滑，放置一旁醒15~20分钟。

3. 将做法2面团擀成0.2~0.3厘米厚、30厘米宽的长方形面皮，抹上一层淀粉，再折叠成4~5层，切成长条状即成。

手工红曲面条

● 成品约780克

材　料

中筋面粉（粉心面粉）500g，红曲粉30g（或红曲酱100g），冷水250g，盐5g

做　法

1. 冷水、盐混合均匀，红曲粉、面粉过筛（图1、图2）。

2. 做法1混合均匀揉至光滑，放置一旁醒15~20分钟（图3~图6）。

3. 将做法2面团擀成0.2~0.3厘米厚、30厘米宽的长方形面皮（图7），抹上一层淀粉（图8），再折叠成4~5层（图9），切成长条状即成（图10）。

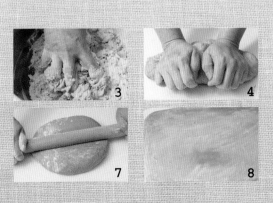

粗细宽厚各种形状面条

细阳春面

宽阳春面

拉面

家常面

高纤营养面条

手工荞麦面条

●成品约880克

材 料

中筋面粉（粉心面粉）500g，荞麦粉100g，冷水280g，盐5g

做 法

1. 冷水、盐先溶解。
2. 面粉、荞麦粉混合均匀后，加入**做法1**盐水混合均匀揉至光滑，放置一旁醒15～20分钟。
3. 将**做法2**面团擀成0.2～0.3厘米厚、30厘米宽的长方形面皮，抹上一层淀粉，再折叠成4～5层，切成长条状即成。

手工全麦面条

●成品约760克

材 料

中筋面粉（粉心面粉）350g，全麦面粉150g，冷水260g，盐5g

做 法

1. 冷水、盐先溶解。
2. 面粉、全麦面粉混合均匀后，加入**做法1**盐水混合均匀揉至光滑，放置一旁醒15～20分钟。
3. 将**做法2**面团擀成0.2～0.3厘米厚、30厘米宽的长方形面皮，抹上一层淀粉，再折叠成4～5层，切成长条状即成。

手工地瓜面条

●成品约850克

材 料

中筋面粉（粉心面粉）500g，地瓜泥200g，冷水150g，盐5g

做 法

1. 冷水、盐先溶解。
2. 地瓜洗净削皮、切片、蒸熟后，趁热压成泥状备用。
3. **做法1**、**2**和面粉混合均匀揉至光滑，放置一旁醒15～20分钟。
4. 将**做法3**面团擀成0.2～0.3厘米厚、30厘米宽的长方形面皮，抹上一层淀粉，再折叠成4～5层，切成长条状即成。

Tips

地瓜泥可替换成南瓜泥、芋头泥、马铃薯泥、山药泥等，制作出各式不同风味的面条。

夜市小吃摊著名面条

手工油面条

●成品约750g

材 料

中筋面粉325g，低筋面粉100g，树薯粉75g，冷水225～250g，碱水10g（碱油15g），盐5g，黄色4号食用色素1g

做 法

1. 冷水、盐溶解。
2. 做法1与碱水、色素混合均匀。
3. 中筋面粉、低筋面粉、树薯粉混合均匀再加入**做法2**材料揉至光滑，醒15～20分钟，擀成0.2～0.3厘米厚、30厘米宽长方形面皮，抹上一层淀粉再折叠成4～5层，切成0.3厘米宽的长条形状。
4. 汤锅内注入半锅清水煮沸，丢入面条大火煮至滚，再煮40秒（约8分熟）快速捞出，马上入冷水内冲洗至冷却、滤干，倒入60克色拉油，双手各拿一双筷子，将面条一条一条挑松，使其不粘黏。

Tips

制作油面可加一点黄色素，溶于冷水内与凉面区隔。

手工台南意面条

● 成品约830g

材 料

高筋面粉350g，低筋面粉100g，淀粉50g，鸡蛋100g，盐7.5g，水225g，碱粉5g

做 法

1. 冷水、盐溶解，鸡蛋打散，碱粉入1小匙清水溶解。
2. 高筋面粉、低筋面粉、淀粉混合过筛，再入**做法1**材料搅拌成团并揉至光滑，醒20～25分钟，擀成0.2～0.3厘米厚、30厘米宽长方形面皮，抹上一层淀粉，再折叠成4～5层，切成0.3厘米宽的长条形状。

● 成品约850g

材 料

中筋面粉450g，地瓜粉50g，热水（50℃）250g，碱粉5g，盐5g，高筋面粉100g

做 法

1. 热水、盐、碱粉溶解。
2. 中筋面粉、地瓜粉混合过筛，加入**做法1**材料搅拌均匀（面团会湿黏，因此需分次加入高筋面粉，揉至光滑不粘手），放置一旁醒20～25分钟，擀成0.2～0.3厘米厚、30厘米宽长方形面皮，抹上一层淀粉，再折叠成4～5层，切成长条形状。

手工汕头意面条

日式面食代表

乌龙面

●成品约730g

材料

低筋面粉400g，树薯粉100g，
冷水225g，盐10g

做法

1. 冷水、盐溶解。
2. 低筋面粉、树薯粉混合均匀，再加入**做法**1材料揉至
   光滑，放置一旁醒15～20分钟，擀成0.2～0.5厘米厚、
   30厘米宽长方形面皮，抹上一层淀粉，再折叠成
   4～5层，切成0.3厘米宽的长条形状。
3. 汤锅内注入半锅清水煮沸，丢入面条大火煮至滚，
   待浮起捞出，马上入冷水内冲洗至冷却、滤干，倒
   入30克色拉油，双手各拿一双筷子，将面条一条一
   条挑松，使之不粘黏。
4. 放入冰箱冷藏，可保存2天。

庶民面食代表

凉面

● 成品约830g

材 料

中筋面粉350g，低筋面粉75g，绿豆淀粉75g，冷水240g，碱粉5g（碱油10g），盐5g

做 法

1. 冷水、盐、碱粉溶解。
2. 中筋面粉、低筋面粉、绿豆淀粉混合均匀，再加入**做法1**材料揉至光滑，放置一旁醒15～20分钟，擀成0.2～0.3厘米厚、30厘米宽长方形面皮，抹上一层淀粉，再折叠成4～5层，切成0.3厘米宽的长条形状。
3. 汤锅内注入半锅清水煮沸，丢入面条以大火煮至滚，再煮30秒（约8分熟），随即快速捞出，马上入冷水内冲洗至冷却、滤干，倒入60克色拉油，双手各拿一双筷子，将面条一条一条挑松，使之不粘黏。

● 成品约750g

材 料

中筋面粉350g，地瓜粉50g，绿豆仁粉100g，冷水240g，碱油5g，盐5g

做 法

1. 冷水、盐溶解。
2. 面粉、地瓜粉、绿豆仁粉混合均匀，再加入**做法1**材料及碱油混合均匀揉至光滑，醒15～20分钟，擀成0.2～0.3厘米厚、30厘米宽长方形状面皮，抹上一层淀粉，再折叠成4～5层，切成0.5厘米宽的长条形状。
3. 汤锅内注入半锅清水煮沸，丢入面条以大火煮至滚，再煮30秒（约8分熟）快速捞出，马上入冷水内冲洗至冷却、滤干，倒入60克色拉油，双手各拿一双筷子，将面条一条一条挑松，使之不粘黏。

手工豆菜面条

最受欢迎人气面点

傻瓜干面

●成品6人份

材　料
白面条（细）600g，小白菜200g，青葱2～3根

拌面料（1份量）
猪油2小匙，虾油（虾酱油）1小匙

作　料
辣椒油、乌醋各适量

福州鱼丸汤（1份量）
高汤1碗，福州鱼丸2个，芹菜末5g，葱花5g，油葱酥5g，盐1/2小匙，鸡粉1/3小匙

做　法
1. 猪油的制作：将600克肥肉冲洗后，放入炒锅内加入半碗清水，以中火煮至锅内水干，再转小火将肥肉煎炸出油脂，待肥肉缩小为小块状且呈金黄色，马上关火滤掉油渣，即为猪油（图1）。
2. 稀释过的虾油制作：虾油半碗、清水1碗以中小火煮沸入1/2小匙鸡粉提味。
3. 小白菜洗净切段，青葱洗净沥干切细。
4. 深锅内注入半锅清水，煮沸时加入面条煮1分钟，再入1碗清水煮沸再煮1分钟，盛出放入碗内，加入拌面料猪油、虾油、葱花、汆烫熟的小白菜，也可依喜好拌入辣椒油、乌醋拌食。
5. 福州鱼丸汤的制作：高汤1碗（制作方法见P35）煮沸后放入丸子，待丸子膨胀，放入盐、鸡粉调味，撒下青葱末、芹菜末、油葱酥即成。

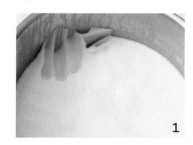

1

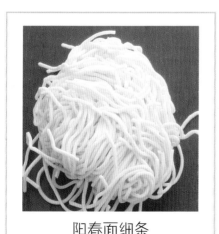

阳春面细条

Tips

傻瓜干面，据说源于20世纪50年代，由来自福州的移民落脚于台北市小南门一带，为了生计所创制出来的面食，因此又叫福州干面。为什么叫做傻瓜干面，有一说是因为做法简单、调味不多，只有傻瓜才会点这种面，故名。

Tips

北方人煮面条，是直接将面条下锅煮软，如此汤头里有面粉的香气。山东人称面汤料为卤，山东人说"卤打好没"即指汤料煮好了没。南方人则将山东腔的"打"音听成"大"字，于是街坊卖面食都写着"大卤面"。

宽面条

打卤面

● 成品6～8人份

材　料

白面条600g（宽又厚），肉丝150g，大白菜300g，西红柿（中型）3个，青葱2根，鸡蛋2个，高汤12碗

调味料

1. 盐1/2大匙，鸡粉2小匙
2. 肉丝腌料：酱油2小匙，糖1小匙，淀粉1小匙

做　法

1. 肉丝放入调味料2抓拌均匀备用。

2. 大白菜洗净切粗丝，青葱洗净切段，西红柿切片，鸡蛋打散。

3. 炒锅入1大匙色拉油，油热入肉丝以中火快速翻炒1分钟后盛出备用，利用锅内剩余的油爆香葱白，并加入西红柿、大白菜拌炒均匀，续入高汤煮沸，转小火熬煮8～10分钟，接着下面条以中小火焖煮5分钟，再入肉丝、调味料1，最后淋入蛋汁，撒下葱叶即成。

葱开煨面

●成品6人份

材　料

白面条（细）600g，青葱2根，虾米50g，高汤12碗（制作见P35）

调味料

盐1/2小匙（每份）

做　法

1. 青葱洗净，沥干切4～5厘米长（葱白、葱叶分开放），虾米冲洗沥干。
2. 锅内入1/2大匙色拉油，油热爆香葱白、虾米，入2碗高汤以小火焖煮4～5分钟，下一球白面条（约100克，图1），继续以小火煨煮5～6分钟后，加入盐、青葱，盛入深碗内食用（制好的成品约1人份）。

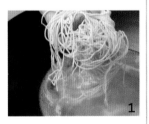

细白面条

Tips

"葱"指的是青葱，"开"是指开洋，江浙人称虾米为"开洋"。"煨"之烹调手法为小火慢慢焖煮，使汤汁渐渐渗入食材里。煨面面条比较软烂，但入味好吃，江浙一带都很喜欢吃，尤其适合老人与小孩。另外，江浙人熬煮高汤，总喜欢加入火腿、老母鸡等食材来提鲜。

川味牛肉面

●成品5～6人份

材　料

粗拉面600g，牛肋条1200g，小白菜200g，酸菜1棵，青葱3根，老姜片4～5片，大蒜10瓣，牛骨1200～1800g

调味料

1. 辣豆瓣酱2大匙，辣椒酱2大匙，胡椒粉3小匙，花椒粉2小匙，八角3粒，甘草片2片，红油（即红辣椒油）5大匙，盐2小匙，鸡粉2小匙，酱油1/2大匙
2. 鸡粉1小匙，糖3小匙

做　法

1. 牛骨高汤的制作：牛骨洗净入深锅内，注入冷水淹盖骨头，以中火煮沸捞出，入冷水再冲洗干净。取一汤锅注入2/3锅清水，煮沸后放入牛骨、4片姜、青葱2根，以小火熬煮4～6小时即成。
2. 酸菜叶剥开冲洗两次，取出挤干水分切细；小白菜洗净切段，大蒜冲洗拍扁备用。
3. 牛肋条整条冲洗干净，入沸水汆烫3～4分钟，取出冲洗冷水后，放入牛骨高汤以小火焖煮30分钟，取出切块。
4. 炒锅预热入红油，待红油微热入花椒粉快速拌炒30秒，马上入葱、姜、蒜，并以大火炒香，再加入**做法3**牛肋条、酱油拌炒均匀，再入辣豆瓣酱、辣椒酱、胡椒粉等拌炒均匀，放入6碗清水、八角、甘草片，以小火焖煮35～40分钟，续入盐、鸡粉调味。
5. 炒锅加入2大匙色拉油，油热爆香4瓣大蒜，续加入酸菜以大火拌炒3～4分钟，再加入调味料2，再拌炒3分钟盛出。
6. 面条入沸水内煮熟，深碗内舀入半碗热牛骨高汤，再放入面条、牛肉块及牛肉卤汁、小白菜、葱花、酸菜等即可食用。

粗拉面

Tips

在台湾吃到有辣味就说是"川味"，川味牛肉面是大陆四川来台老兵，在退伍后谋生的本领，传到现在台北常常举办牛肉面比赛，各方高手铆足全力参赛，本人还是认为四川老伯伯的味道最合胃口，面汤可佐入一些酸菜，酸辣是一家的，市面上有店家酸菜随便冲洗，又没有炒过，破坏了整碗牛肉面的味道。牛骨高汤熬制费时成本高，但牛肉面不入牛骨高汤，就无法提高它的身价与美味。另外，红油不能高温炒太久，否则烧焦了，香气没有，颜色也不红了。

做　法

1. 豆干洗净，用刀子横切成两片薄片状，再切成小丁块；榨菜切片，冲洗两遍，切成小丁状；青葱洗净切碎；大蒜冲洗切碎；小黄瓜洗净，擦干水分切成细丝备用。

2. 将吐司面包加入清水，混合成黏糊状（图1）。

3. 锅入油烧热，爆香葱末、大蒜末，续加入肉馅末以中火拌炒2分钟，接着下豆干丁炒至豆干稍微收缩，加入酱油、胡椒粉炒香，再入豆瓣酱、榨菜末拌炒2分钟（图2），入2碗清水，以中小火焖煮13~15分钟，加入**做法2**的吐司糊（图3）、其余调味料等，并以中火拌炒2分钟盛出。

4. 面条入沸水内煮熟，舀入碗内，浇淋酱料，搭配小黄瓜丝拌食即可。

Tips

1. 小黄瓜洗好要擦干再切，否则湿漉漉的容易烂掉，很多人会用刨刀刨丝，虽然很省工，但口感不佳，而且容易软烂。
2. 用吐司面包糊（或馒头亦可）勾芡收汁，比淀粉水效果好（因淀粉糊凉了会出水）。
3. 炸酱料口味重，适合搭配宽又厚的家常面条或粗拉面食用。

炸酱面

● 成品6人份

材　料

白面600g（宽又厚的面条），肉馅500g，豆干（小块）6~7个，榨菜（中）1/2个，葱2根，大蒜6~7瓣，小黄瓜 3~4条

吐司糊

吐司面包1片，清水2/3碗

调味料

豆瓣酱（或甜面酱）3大匙，盐1小匙，酱油1/2大匙，胡椒粉2小匙，鸡粉2小匙，糖1/2大匙

家常面

沙茶羊肉炒面

●成品1人份

材料

油面170g，羊肉丝80g，空心菜60g，洋葱丝40g，大蒜3瓣，辣椒1/2根，青葱1根

调味料

沙茶酱1/2大匙，盐1/2小匙，酱油膏1/2大匙

做法

1. 空心菜、青葱洗净沥干切段，辣椒切细末，大蒜切末。
2. 炒锅烧热入1大匙色拉油，爆香大蒜末、洋葱丝、青葱，续入沙茶酱、羊肉、辣椒末拌炒1分钟，再入油面条、空心菜、盐、酱油膏、清水2大匙，以大火翻炒至空心菜变柔软，即可盛出装盘食用。

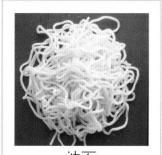

油面

Tips

沙茶酱味道很好，鲜味够鲜，故不须再另外加鸡粉；羊肉不要炒太久，炒硬了就不好吃了。

台南意面

台南意面

●成品6人份

材　料

台南意面条600g，豆芽菜200g，韭菜60g，肉馅400g，虾米50g，青葱2根，红葱头8～10瓣

调味料

盐1小匙，酱油膏2大匙，酱油1大匙，糖1/2大匙，鸡粉1小匙，五香粉1小匙，胡椒粉1小匙

做　法

1. 豆芽菜洗净沥干，韭菜洗净沥干切段，青葱洗净沥干切细。

2. 虾米泡软切碎，红葱头冲洗剥皮切细。

3. 炒锅入半碗色拉油，油热入红葱头末以中小火炸至微黄香酥捞出（图1），油留在锅内。

4. 利用锅内的余油爆香葱末、虾米末，接着放入肉馅炒出油，续入五香粉、胡椒粉、酱油膏、酱油拌炒均匀，入2碗清水以小火焖煮15～20分钟，入盐、糖、鸡粉调味，最后倒入红葱酥拌匀即成。

5. 深锅注入半锅清水煮沸，放入意面条，以大火煮1分半钟，马上捞出并盛入碗内，即可加入余熟的豆芽菜、韭菜，以及浇淋肉燥拌食。

酸菜干面

●成品6人份

材 料

汕头意面600g，酸菜1棵，小白菜200g，青葱3根，大蒜4瓣

调味料（拌1碗分量）

猪油2小匙，酱油1/3大匙，盐1/2小匙，鸡粉1/3小匙

酸菜调味料

盐1/2小匙，酱油1/2大匙，糖1/2大匙，鸡粉2小匙

做 法

1. 小白菜洗净沥干切段；青葱洗净沥干切细；酸菜一叶一叶剥下冲洗2~3次，并挤干水分切碎。

2. 炒锅入3大匙色拉油，油热爆香大蒜瓣，入酸菜及调味料以大火炒透4~5分钟盛出。

3. 深锅注入半锅清水煮沸；加入汕头意面以大火煮1分钟，加入半碗清水待其再次煮沸后，面条续煮1分钟，马上捞出盛入碗内，加入拌面调味料、汆烫熟的小白菜、酸菜拌食。

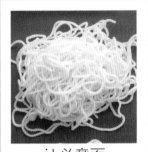

汕头意面

Tips

汕头意面跟台南意面颇为相似，面条一个是细扁（台南），一个是细圆（汕头）；口感上汕头的更为弹牙与滑口。在台南，还有加了鱼及鱼浆制作的叫"汕头鱼面"，又是另一番滋味。

泰式海鲜咖喱乌龙面

●成品1人份

材 料

乌龙面（1人份）150g，青蚵40g，蛤蜊6个，鱿鱼60g，鲜虾4~5只，鱼板6~7片，青葱1根，洋葱丝50g，大蒜2瓣

调味料

咖喱粉1/2大匙，盐1/2小匙，鱼露1小匙

作 料

辣椒粉、柠檬汁适量

乌龙面

做 法

1. 青蚵、蛤蜊冲洗净，鲜虾抽出肠泥，鱿鱼、鱼板切片，青葱洗净切段，大蒜切末。
2. 炒锅入1大匙色拉油，油热爆香葱段、洋葱丝、大蒜末，续加入咖喱粉快速拌炒一下，并入1.5碗清水煮沸，将海鲜等材料、乌龙面煮2分钟，入盐、鱼露调味，盛入深碗内，滴入适量的柠檬汁、辣椒粉即可食用。

Tips

泰式食物酸、咸、辣中带一点甜来提味，是不错的风味饮食；它的咖喱粉来自印度的风味，跟日本人调配带甜味的咖喱风味不太一样。

大面炒

●成品6人份

材 料

豆菜面600g，豆芽菜200g，韭菜60g

炒面配料及调味料

红葱头5瓣，大蒜4瓣，盐1小匙，酱油2大匙，鸡粉1小匙

肉燥汁及调味料

肉馅400g，青葱2根，红葱头酥60g，盐1小匙，酱油膏2大匙，酱油1大匙，糖1/2大匙，鸡粉1小匙，五香粉1小匙，胡椒粉1小匙

甜酱汁

海山酱5大匙，甜辣酱2大匙，酱油膏2大匙，盐2小匙，糖1大匙，清水2碗，勾芡水（低筋面粉2小匙+玉米粉2小匙+冷水2大匙混合）

做 法

1. 豆芽菜洗净沥干，韭菜洗净沥干切段，青葱洗净沥干切细。
2. 肉燥汁：炒锅入2大匙色拉油，油热爆香葱末，加入肉馅、红葱头酥以大火拌炒至肉出油，加入五香粉、胡椒粉、酱油膏、酱油拌炒，再入4碗清水以小火熬煮15分钟，加入盐、鸡粉、糖调味即成。
3. 炒锅入3大匙色拉油，油热爆香红葱末、蒜末，入1碗清水、调味料等熬煮3~4分钟，续加入面条以大火用筷子挑拌均匀。
4. 甜酱汁：所有材料倒入炒锅内混合拌匀，以中火煮沸入勾芡水调拌均匀。
5. 碗内盛入面条，加入余熟的豆芽菜、韭菜，浇入肉燥汁及甜酱汁食用。

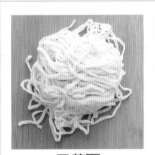

豆菜面

Tips

豆菜面（大面炒）是很多人喜欢吃的面食，尤其是台南新营地区，当地人认为早餐吃豆菜面是一天活力的来源。

麻辣凉面

●成品3～4人份

材 料
凉面600g，小黄瓜2条，胡萝卜1/3条

酱 汁
冷开水2碗，酱油1/2大匙，盐1/2大匙，鸡粉2小匙，糖1/2大匙，乌醋1/2大匙，蒜泥1/3大匙

麻酱汁
花生酱2大匙，芝麻酱3大匙，色拉油4大匙

麻辣酱
辣椒粉90g，花椒粉10g，葱1根，大蒜瓣3粒，色拉油1½碗

味噌汤
味噌酱200g，嫩豆腐1盒，丁香鱼50g，烘干海带芽20g，柴鱼片5g，青葱1根，鸡粉2小匙，冰糖1大匙

配 菜
碎萝卜干200g，红辣椒适量，辣油1大匙，大蒜末3匙、酱油1/2大匙，鸡粉1小匙，糖1小匙

做 法
1. 小黄瓜、胡萝卜洗净沥干切细丝，豆腐冲洗切丁，青葱洗净沥干切细，碎萝卜干冲2～3次挤干水分，味噌酱加入半碗水调稀待用。
2. 酱汁：所有调味料混合均匀。
3. 麻酱汁：花生酱、芝麻酱、色拉油混合调匀。
4. 麻辣酱：细末辣椒粉、花椒粉混合均匀，锅内倒入色拉油，油热入葱、大蒜瓣爆香，捞出丢弃，待油温降至85℃时，冲入混匀的辣椒粉、花椒粉快速拌匀。
5. 味噌汤：深锅内注入6碗清水煮沸，入丁香鱼、豆腐丁、柴鱼片以小火熬煮10～15分钟，入味噌酱煮至沸腾(边煮边搅动)，再放海带芽、鸡粉、冰糖调味，撒下葱花即成。
6. 炒麻辣萝卜干：炒锅烧热入1大匙色拉油，油热入蒜末、辣椒末爆香，再入碎萝卜干、辣油、酱油、鸡粉、糖等大火拌炒均匀。
7. 凉面150克装入盘内，加入小黄瓜丝、胡萝卜丝、2大匙麻酱汁、3大匙酱汁、1/2大匙的麻辣萝卜干拌食。

凉面

Tips

麻辣是指辣椒粉的香辣及花椒粉的香辣麻。冲辣油的时候，油温要注意，温度过高辣椒粉会焦苦，温度太低则香气与辣味引不出来，要多尝试几下练习掌握油温。

面食小馆家常代表

猫耳朵

●成品5～6人份

猫耳朵材料
中筋面粉400g，全蛋60g，水160g，盐4g

西红柿汤料
肉丝150g，小白菜150g，西红柿3个，香菇7～8朵，青葱2根，虾米50g，全蛋4个，高汤（制作见P35）8碗

调味料
1. 盐1/2大匙，鸡粉2小匙
2. 肉丝腌料：酱油1/2大匙，糖1小匙，淀粉1小匙

做　法
1. 水、盐溶解，鸡蛋打散。
2. 中筋面粉、水、蛋汁混合搅拌均匀并揉至光滑，盖上湿布放置一旁醒15～20分钟，将面团搓揉成直径1厘米粗的长面条（图1），再揪成每边为1.5厘米的正方形小面皮（图2）；或放在工作台上，以拇指按压（图3），让其由对角卷起犹如小贝壳般形状（图4），即为"猫耳朵"。
3. 肉丝入调味料2抓拌均匀备用。小白菜、青葱洗净切段，西红柿切片，香菇泡软切丝，虾米冲洗净入水泡软，鸡蛋打散备用。
4. 炒锅烧热，入3大匙色拉油，油热入肉丝拌炒1分钟，待肉丝条条分开随即盛出备用，然后利用锅内的余油爆香葱段、虾米、香菇，再入西红柿、高汤，以中火煮沸，入猫耳朵面块，中小火焖煮4～5分钟，再加入小白菜、调味料1，最后倒入蛋汁拌匀，盛入深碗内，撒下胡椒粉即可食用。

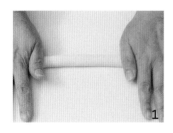

揪的成形法

按压的成形法

Tips

猫耳朵是山西、陕西一带的基本家常面食，因成品小巧卷起像猫咪的小耳朵而称之。猫耳朵的制作，适合全家一起动手，乐趣无穷，除了用汤料煮食外，还可炒食或干拌，市面的馆子大多用炒食的。

五色水饺

泡菜水饺馅

肉馅400g，韩国泡菜150g，盐1小匙，酱油2小匙，糖2小匙

做 法

将泡菜的汁挤入碗内，泡菜切细，肉馅放入调味料、泡菜汁搅拌均匀，放入冰箱冷藏，要包馅时才加入泡菜拌匀。

四季豆水饺馅

肉馅400g，四季豆150g，青葱1根，盐2小匙，酱油1/2大匙，糖2小匙，胡椒粉1小匙，麻油1/2大匙

做 法

四季豆洗净入沸水氽烫30秒，捞出冲洗冷水并沥干切细；青葱洗净沥干切细；肉馅放入调味料拌匀，加入青葱、姜汁1大匙、清水3大匙再搅拌均匀，放入冰箱冷藏，要包馅时才加入四季豆粒拌匀。

瓠瓜水饺馅

肉馅400g，瓠瓜（中）1/2个，青葱1根，盐2小匙，酱油1/2大匙，糖2小匙，胡椒粉1小匙，麻油1/2大匙

做 法

瓠瓜冲洗削皮切丝，入1小匙盐抓拌均匀，腌渍10~15分钟后挤掉水分；青葱洗净沥干切细；肉馅放入调味料拌匀，加入青葱、姜汁1大匙、清水2大匙再搅拌均匀，放入冰箱冷藏，要包馅时才加入瓠瓜丝拌匀。

韭菜水饺馅

肉馅400g，韭菜150g，盐2小匙，酱油1/2大匙，糖2小匙，胡椒粉1小匙，麻油1/2大匙

做 法

韭菜洗净晾干切细，肉馅放入调味料拌匀，加入姜汁1大匙、清水4大匙再搅拌均匀，放入冰箱冷藏，要包馅时才加入韭菜拌匀。

白萝卜水饺馅

肉馅400g，白萝卜（中）1个，香菜50g，盐2小匙，酱油1/2大匙，糖2小匙，胡椒粉1小匙，麻油1/2大匙

做 法

白萝卜削皮切丁（厚约0.5厘米），入沸水氽烫2~3分钟盛出沥干；香菜洗净沥干切碎。肉馅放入调味料拌匀，加入姜汁1/2大匙、清水2大匙再搅拌均匀，放入冰箱冷藏，要包馅时才加入萝卜丁、香菜拌匀即可。

水饺皮

中筋面粉500g，温水（43~45℃）250g

做 法

1. 中筋面粉倒入不锈钢盆内，加入温水拌成团，再揉至光滑，盖上湿布放置一旁醒15~20分钟，将面团分割成4小条，每一条搓成长条状，再切20~25克重小面团，用擀面棍擀成中间厚边缘薄的圆面皮。

2. 包入馅料，入沸水中以大火煮2分钟，再加入半碗清水，待水再次沸腾，续煮至水饺浮起鼓胀，捞出装盘，趁热蘸酱汁食用。

3. 蘸酱汁：酱油、白醋、麻油、辣椒末、蒜末、葱末等拌匀。

面疙瘩（拨鱼面）

●成品6人份

面 糊
中筋面粉400g，水240g，全蛋80g

配 料
肉丝150g，油菜100g，西红柿2个，木耳2片，青葱2根，高汤（高汤制作见35页）8碗

调味料
1. 盐1/2大匙，鸡粉2小匙
2. 肉丝腌料：酱油2小匙，糖1小匙，淀粉1小匙

做 法

1. 中筋面粉、水、全蛋全部混合顺着一个方向搅拌均匀（图1、图2），盖上湿布放置一旁醒15～20分钟待用。

2. 肉丝入调味料2抓拌均匀备用；油菜洗净切段，西红柿切片，木耳切丝，青葱切段。

3. 炒锅内入2大匙色拉油，油热入肉丝拌炒2分钟取出，利用锅内剩余的油爆香葱段，续入西红柿片、木耳丝、油菜、高汤煮沸，接着将**做法1**的面糊装入盘子，用筷子沿着盘子边缘（图3），将面糊一条一条拨入锅内（图4），见面条儿一一浮起，加入调味料1即成。

4. 煮熟面糊盛入深碗内，撒下葱花、胡椒粉食用。

Tips
过去妈妈们用面粉加水随便搅和一下，就将面糊下锅烹煮，形状大小没有一定规格，工较粗、疙疙瘩瘩的，于是称之为面疙瘩。后来有人将面糊装入盘子沿着盘子边缘，一条条拨入汤中煮熟，面条一一浮起看似小鱼儿在水中游玩，故借用筷子拨入的动作，又称之为拨鱼面。

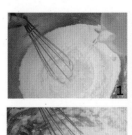

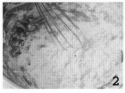

海鲜面疙瘩（面团式）

●成品6~8人份

面 团

中筋面粉325g，米粉50g，地瓜粉125g，水250g，全蛋50g（1个），盐5g

配 料

鲜虾300g，青蚵150g，鱿鱼（中）1只，蛤蜊200g，小白菜200g，青葱3根

调味料

盐2小匙，鲣鱼粉2小匙

做 法

1. 冷水、盐溶解混合，蛋打散备用。

2. 中筋面粉、米粉、地瓜粉混合过筛倒入盆中，加入**做法1**的水、蛋汁，全部搅拌均匀成团，放在工作台上，以双手揉至光滑，盖上湿布放置一旁醒20~30分钟（图1），再用手将面团揪成一个个不规则面片（图2、图3），入沸水锅中（滴2小匙色拉油），以中火煮至面疙瘩浮上来即可捞出备用。

3. 鲜虾、青蚵、蛤蜊洗净沥干，鱿鱼洗净切片，小白菜、青葱洗净切段备用。

4. 锅热入1大匙色拉油爆香葱段，注入8~10碗清水煮沸，入鲜虾等配料煮1分钟，再加调味料续煮1分钟，盛出装入深碗内，加入煮好的面疙瘩，撒下葱花、胡椒粉即可食用。

Tips

这种面团式面疙瘩跟面糊式的不一样，较有口感与咬劲，浸泡在汤头里不会糊烂。

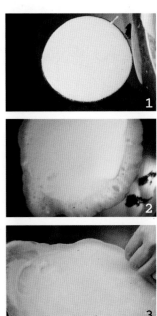

1
2
3

Tips

淋饼就是将面糊淋入平锅底，快速摇晃均匀，不一会儿即成熟的薄面皮，也是北方人的家常面食。妈妈们随手抓把面粉，加入水和匀，很快就将面皮摊熟。年节全家团圆人多，菜肴又多，饼皮拿在手上，包入什么都好吃。

淋饼（春饼）

●成品6～8人份

材　料

中筋面粉450g，淀粉50g，全蛋150g，水750g，盐5g

配　料

鸡胸肉1个，莴苣丝200g，胡萝卜丝100g，苜蓿芽100g，葡萄干100g，千岛沙拉酱1瓶

做　法

1. 盐、水溶解，全蛋打散待用。

2. 中筋面粉、淀粉混合过筛后，倒入不锈钢盆内，加入**做法1**的水、蛋汁，顺着一个方向搅拌至面糊细致光滑，用纱布盖住面糊醒20～30分钟。

3. 准备一个平底锅，小火预热3～4分钟，拿餐巾纸蘸色拉油涂抹锅底两次，转中火倒入适量的面糊（图1），随即拿起平底锅快速晃一圈，使锅底布满一层薄面糊（图2），待面糊颜色变微黄，边缘微卷起随即盛出（图3）。

4. 鸡胸肉冲洗净，蒸熟冷却剥丝；苜蓿芽冲洗一下，马上甩干水分。薄饼皮包入鸡丝、莴苣丝、红萝卜丝、苜蓿芽、葡萄干，再挤沙拉酱卷紧食用。

5. 薄饼皮也可包入红豆馅，折成长方形状，入平底锅用薄油煎烙，呈现两面金黄酥脆即为豆沙锅饼。

春卷

● 成品8～10人份

春卷皮
高筋面粉500g，冷水375g，盐10g，明矾3g

春卷馅
肉丝150g，甘蓝丝200g，胡萝卜丝100g，冬粉1把，韭菜100g

调味料
盐2小匙，糖1小匙，酱油2小匙，胡椒粉1小匙

蘸酱汁
甜辣酱2大匙、西红柿酱2大匙混合均匀

做 法

1. 盐、水、明矾溶解待用。

2. 春卷皮：高筋面粉倒入不锈钢盆内，加入水顺着一个方向搅拌至面糊细致光滑，用湿纱布盖住面糊醒2～3小时，并每隔1小时搅拌1次面糊（图1）。

3. 准备一个厚重的平底锅，小火先预热3～4分钟，拿餐巾纸蘸色拉油涂抹锅底数次（边抹边加热），用手掌抓把面糊（图2），摊一圈在平底锅内随即快速将手抽回（图3），第一张面皮无法成型，必须试作6～7次后，面皮才会摊得顺利（面糊一直甩动着，不要让面团流到地上）。

4. 见薄饼皮表面变色，周边微微与锅底分离，用手将面皮掀起，放在盘子内即成春卷皮。

5. 春卷馅：肉丝加入2小匙酱油、1小匙糖、1小匙淀粉拌匀备用，冬粉入冷水泡软切两段，韭菜洗净沥干切段。

6. 炒锅入2大匙色拉油，油热入肉丝拌炒1分钟盛出。利用锅内剩余的油加入甘蓝丝、胡萝卜丝拌炒均匀，加入调味料、冬粉段、1/2碗清水焖2分钟，再入肉丝、韭菜拌炒均匀盛出，即为馅料。

7. 春卷皮包入馅料，油锅倒1/3锅色拉油，待油烧热（温度160～170℃），加入春卷炸至金黄酥脆，夹出即可蘸酱汁食用。

Tips
春卷的制作技巧非常难，技术要十分纯熟，才能将饼皮摊得又薄又平均。切记摊面糊时，面糊在手掌上要不停地抖动，以免面糊落地。若不喜欢炸食，也可以包入春卷馅料直接食用。

烫面篇 ▶▶▶

口味多变的热门早餐
风靡老字号的滋味面饼
一网打尽招牌葱油饼
非吃不可的人气面点

口味多变的热门早餐

百变蛋饼

●成品10～12个

材 料

1. 中筋面粉600g，沸水300g，冷水120g，色拉油30g，盐12g
2. 鸡蛋10～12个，葱花100g，盐12g

做 法

1. 将材料1的盐放入冷水内溶解。
2. 中筋面粉倒入不锈钢盆内，先入沸水（图1），接着倒入**做法1**的冷水，用擀面棍顺着同一方向快速搅拌成团（不锈钢盆内不能残留面粉）（图2、图3）。
3. 将面团放在工作台上，加入色拉油以双手揉至光滑，盖上湿布或用保鲜膜包覆紧密，放置一旁醒15～20分钟。
4. 将醒好的面团分割成每个80～100克重小面团，擀成0.3～0.4厘米厚的圆面皮(工作台面上抹上少许色拉油，以防面皮粘黏)。
5. 平底锅内倒入一层薄油，油热放入面皮以中小火两面烙熟取出（图4）。
6. 锅内入少许油，将材料2的鸡蛋(每个饼皮用一个鸡蛋)、葱花加盐一起打散，倒入平底锅中，以中火煎至蛋凝结时，铺上做法5的蛋饼皮，煎熟翻面，待面皮略呈微焦时，放入鲔鱼或其他馅料（图5），以铲子卷成长条状，盛出切块食用即可。

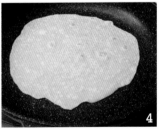

Tips

1. 蛋饼是很好的早餐，自己动手做，既省钱、口感好，又具饱食感。烙熟的饼皮若吃不完，可用塑料袋包紧，冷藏存放3～5天、冷冻约1个月。
2. 市售的蛋饼，除了单纯夹蛋外，尚有鲔鱼、火腿、玉米、培根、蔬菜等多种口味，可在煎蛋时加入不同的馅料。

风靡老字号的滋味面饼

京饼

●成品约5个

面 团

中筋面粉（粉心面粉）500g，温水（45～50℃）250g，色拉油150g

油 酥

低筋面粉120g，沙拉油240g

京酱肉丝

肉丝400g，葱丝150g，甜面酱50g，砂糖1小匙，酱油2小匙，淀粉1小匙

做 法

1. 中筋面粉加入温水，用擀面棍搅拌成团入色拉油（分2～3次加入）揉至光滑，盖上湿布放置一旁醒30～40分钟。

2. 低筋面粉和色拉油一起入炒锅内，小火拌炒均匀成为油酥冷却备用。

3. 醒好的面团分割成每个重150克小块，每块擀成0.2厘米厚，抹上一层油酥（图1），先将面皮提起折叠成长条状（图2、图3），再盘绕成螺旋状（图4），取一小圆面皮打底，将卷好的面团放上（图5），盖上湿布醒20～30分钟。

4. 接着将**做法3**醒好的面团擀成0.2厘米厚的薄面皮，放入平底锅以中小火烙至两面酥松，略呈金黄色即成。

5. 肉丝加入砂糖、酱油、淀粉与2茶匙清水抓拌均匀，冷藏30分钟备用。

6. 炒锅小火热3分钟，入3大匙色拉油，油热入肉丝以中火炒2分钟，见肉丝条条分开，随即入甜面酱拌炒均匀，再下葱丝拌炒1分钟后盛出，以**做法4**烙好的饼皮包入面酱肉丝食用即可。

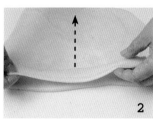

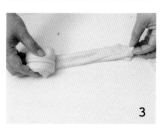

Tips

这种饼皮含油量极高，但吃起来却不觉得油腻，且面香十足。

天津烙饼

● 成品6～7个

材 料

1. 中筋面粉450g，高筋面粉50g，温水（45℃）300g，盐15g，猪油50g
2. 猪油100g，高筋面粉100g

做 法

1. 材料1的盐加入温水中溶解。
2. 材料1的中、高筋面粉混合之后，放入**做法**1温水用擀面棍搅拌成团，再加入猪油揉至光滑，盖上湿布放置一旁醒20～25分钟。
3. 将醒好的面团擀成0.5厘米厚，抹上材料2的猪油，撒上一层薄薄的高筋面粉，折成三折，接着重复动作，再抹入猪油，撒上一层高筋面粉，折成三折，再重复一次动作（总共3次27层），面皮放置一旁醒20～30分钟。
4. 将面皮擀成0.8厘米厚，再切成0.5厘米宽的长条状（图1），将每7～8条粘在一起盘绕成螺旋状（图2、图3），套入塑料袋内放置一旁醒20～30分钟。
5. 用擀面棍将**做法**4轻轻擀压成0.5厘米厚的饼皮。平底锅放一层薄油，油热入饼皮，以中小火慢慢烙至两面酥黄，盛出趁热用擀面棍拍松食用（图4）。

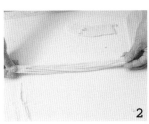

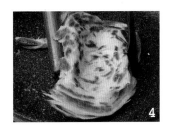

Tips

饼皮放入平底锅内，放入一层薄油，以中小火慢慢熟成，如此过程，北方人称之为烙。本产品的饼皮，就是用烙的，所以称作烙饼。因为折叠了三次，又切成细条盘绕压成饼，因此产生丝状的效果。用手即抓即食，又叫抓饼，市面上的面食馆借用天津这个城市的响亮名号，故又称天津烙饼。

北京炒饼

●成品6～7人份

材料

中筋面粉（粉心面粉）500g，沸水250g，冷水100g，色拉油50g

Tips

在大陆北方家庭，炒饼是利用剩余且变干变硬了的薄饼，切成条状，加入一些菜肴拌炒的变化面食。

做法

1. 中筋面粉加入沸水，接着入冷水混合搅拌均匀成团，揉至光滑，盖上湿布，放置一旁醒15～20分钟。

2. 将醒好的面团擀成0.5厘米厚面皮，刷上一层色拉油，撒上一层干面粉（图1），折叠成三层（图2），连续折叠3次（面皮共27层），盖上湿布醒15～20分钟。

3. 整张面皮擀成0.8厘米厚。平底锅内倒入一层薄油，待油热放入面皮，以中小火烙至两面呈现金黄色，盛出冷却后切成条状（图3），搭配肉丝、蔬菜等炒食。

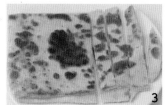

1 2 3

豆腐卷

●成品约5个

材　料

1. 中筋面粉475g，淀粉25g，沸水250g，冷水75g，猪油15g
2. 豆腐4块，虾皮30g，葱末100g

调味料

盐2小匙，麻油2小匙，胡椒粉1小匙

做　法

1. 将材料1中的面粉、淀粉混合均匀后，加入沸水，接着入冷水用擀面棍搅拌成团，再加入猪油以双手揉至光滑，盖上湿布，放置一旁醒15～20分钟。
2. 将材料2的豆腐切丁后，入沸水汆烫并沥干；虾皮洗净，挤干水分，放入炒锅，加少许油以中火炒香。
3. 将豆腐丁、虾皮与调味料一起拌匀，最后拌入葱末备用。
4. 将**做法1**醒好的面团分割成每个150克重的面团，再用擀面棍每个擀成0.5厘米厚面皮，铺上豆腐馅（图1），折成三层（图2、图3），切成5～6厘米宽的块状（图4），放入蒸笼以大火蒸13～15分钟。

Tips

想吃豆腐卷必须到地道的北方面食馆寻找。豆腐要经过汆烫才不易碎烂；豆腐卷也可入平底锅以薄油煎至两面金黄，酥酥脆脆的，也很好吃。

1

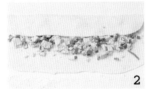

2

3

4

一网打尽招牌葱油饼

阿嬷古早葱油煎饼

●成品5~6个

材　料（冷水面糊式）

1. 中筋面粉400g，低筋面粉50g，淀粉50g，水300~330g，色拉油25g，泡打粉5g
2. 葱花80g

调味料

盐2小匙，鸡粉1/2小匙，胡椒粉1/2小匙

做　法

1. 中筋面粉、低筋面粉、淀粉、水、泡打粉混合入色拉油搅拌均匀，盖上湿布醒15~20分钟后，加入材料2的葱花、调味料拌匀。
2. 平底锅以小火预热，倒入一层色拉油，油热舀入面糊，用锅铲将面糊摊成0.3厘米厚的圆形，以中火煎至两面金黄、酥脆即成。

Tips

阿嬷的葱油煎饼，大概40岁以上的人应该都有吃过。面糊制作简单方便，吃起来又有饱足感，因为放了葱花，当然也算是葱饼。

餐车大张葱油饼

● 成品3~4张

材　料（冷水面团式）

1. 中筋面粉500g，冷水300g，
   盐10g，泡打粉5g，色拉油
   50g
2. 色拉油60g，葱花100g

Tips

冷水制作的葱油饼面团较强韧，故加入色拉油柔软它的韧度，另外醒的时间较久，熟制时油量较多，煎炸至酥脆（有点像煎鱼的感觉）。

做　法

1. 盐放入冷水内溶解。
2. 中筋面粉、泡打粉混合均匀倒入不锈钢盆内，续入冷水用手顺着同一方向快速搅拌成团（不锈钢盆内不能残留面粉），将面团取出放在工作台上，加入色拉油以双手揉至光滑，盖上湿布或用保鲜膜包紧密醒30~40分钟。
3. 分割为每个250克面团，用擀面棍擀成0.5厘米厚的圆面皮（工作台面上抹上少许材料2的色拉油，以防面皮粘黏），抹上一层色拉油，撒上一层薄盐及葱花，卷起盘成螺旋状，用塑料袋包好醒20~30分钟。
4. 用擀面棍擀成0.4~0.5厘米厚，平底锅预热倒入一层油（油层高度约0.3厘米厚），待油热入面皮以中小火煎烙至熟，两面呈现金黄色即成。

猪油葱油饼

●成品7~8个

材　料（烫面式）

1. 中筋面粉500g，沸水250g，冷水100g，盐10g，泡打粉5g，猪油15g
2. 猪油100g，葱花200g

1　**2**

3

做　法

1. 盐放入冷水内溶解。
2. 中筋面粉倒入不锈钢盆内，先入沸水，接着倒入冷水，用擀面棍顺着同一方向快速搅拌成团（不锈钢盆内不能残留面粉），将面团取出放在工作台上以双手揉至光滑，盖上湿纱布或用保鲜膜包紧密醒15~20分钟。
3. 分割为每个100~120克的小面团，擀成0.5厘米厚的圆面皮（工作台面上抹上少许色拉油以防面皮粘黏），抹上一层猪油，撒上一层薄盐及葱花，卷成长条状（图1），两端卷起盘成如意状（图2），互相交叠（图3），再利用塑料袋包好醒20~30分钟。
4. 用手掌将**做法3**摊成0.5~0.8厘米厚面皮，放入平底锅（倒入一层薄油），以中小火烙熟（一面各烙2分钟），两面呈金黄色略有膨胀即成。

Tips

用猪油制作的葱油饼，口感较为酥、香、脆，冷却后回锅以小火再煎一下，风味还不错，是历久不衰的面食产品。

酥炸葱油饼

●成品9~10个

材 料（发面式）

1. 中筋面粉375g，低筋面粉125g，速溶酵母粉7.5g，泡打粉5g，冷水260g，盐10g，糖10g，色拉油30g
2. 青葱末200g，盐20g

做 法

1. 将材料1的盐溶解于冷水内。青葱末、盐拌匀备用。
2. 中、低筋面粉加入酵母、糖、泡打粉混合均匀倒入不锈钢盆内，加入**做法**1的冷水，用手搅拌成团（图1），再揉至均匀光滑（图2、图3），盖上湿布发酵60~90分钟（图4），取出加入色拉油，再揉至均匀盖上湿布并醒20~30分钟。
3. 将醒好的大面团分割成每个80~100克重的小面团，擀成0.5厘米厚的面皮，撒上一层葱花，卷起盘成螺旋状，再醒20分钟，接着用擀面棍轻压成0.4~0.5厘米厚的圆面皮。
4. 平底锅内倒入约至锅深一半的色拉油，待油热以中火将圆面皮炸至酥脆、两面呈现金黄（4~5分钟）即成。

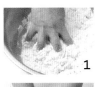

1

2

3

4

Tips

酥炸式的葱油饼是用油煎炸至熟的，熟成的时间很快，是不错的创业小吃产品，客人每天都大排长龙购买。

酥烤葱仔饼

●成品约20个

材 料（酥烤式）

1. 中筋面粉240g，低筋面粉270g，淀粉90g，快速酵母1.8g，温水（50~55℃）300g，猪油60g，泡打粉12g，盐12g，细砂糖12g
2. 葱花300g，猪油60g，盐20g，鸡粉5g

Tips

卖这种风味的葱油饼店，生意超好，因为它先煎再经烤箱烤酥，故口感不油腻，因此称为酥烤葱仔饼。

做 法

1. 材料1盐、糖溶解于温水中。材料2葱花、猪油、盐、鸡粉拌均匀备用。
2. 中筋面粉、低筋面粉、淀粉、酵母、泡打粉等混合均匀，倒入不锈钢盆内，加入**做法1**温水，用手搅拌成团，再入猪油揉至光滑，盖上湿布放置一旁醒30~40分钟。
3. 将整个面团擀成0.5厘米厚的面皮，抹上一层猪油卷成长条状，再分割成每个重50~60克的小面团，用手垂直压扁（图1），再用擀面棍轻轻擀成0.5厘米厚的圆面皮（工作台面上抹上少许色拉油，以防面皮粘黏，图2），包入葱花卷成长条状，再盘绕成螺旋状的面团，放置一旁盖上湿布醒10~20分钟，再用手掌轻轻压成0.5厘米厚，入平煎锅两面以中火各煎40秒，夹出放入烤盘(烤盘内入一层薄油)。
4. 炉温270~280℃，烤3分钟，时间8~9分钟。

1

2

葱抓饼

● 成品约10个

材　料（冷水面团式）

1. 高筋面粉120g，中筋面粉480g，冷水360g，盐6g，糖12g，泡打粉12g，猪油18g
2. 白油50g，猪油50g

做　法

1. 材料2白油、猪油混合均匀。
2. 材料1的盐、糖溶解于冷水中。中筋面粉、高筋面粉、泡打粉等混合均匀，倒入不锈钢盆内，加入冷水，用手搅拌成团，再入猪油，揉至光滑，盖上湿布醒30~40分钟。
3. 整个面团擀成0.5厘米厚面皮，抹上一层油（**做法1**的混合油），折叠成三层，擀成0.5厘米厚，抹油折叠三层，擀平，再重复一次抹油折叠三层（共3次），放置一旁醒30~40分钟。
4. 将面皮擀成厚0.8厘米、20厘米宽的长方形面皮，再切成宽1厘米的长条状面皮，每张面皮盘绕成螺旋状的面团，一个一个装入塑料袋内醒20~30分钟。
5. 用擀面棍擀压成0.3~0.4厘米厚的圆面皮，入平底锅加入一层薄油，以中小火慢慢烙至两面酥黄，再用铲子将饼拍松。

Tips

葱抓饼跟北方的烙饼类似，其实它根本没有葱，因为面皮经过多次折叠葱会脱落，故有的店家制作时会加入少许干燥葱或干燥洋香菜。

Tips

市面上的三星葱仔饼，大多是用机器生产冷冻之后送去贩卖的，因为是选用宜兰县三星乡特产的优质青葱所制作，故叫三星葱仔饼。

1

三星葱仔饼

●成品10～12个

材　料（烫面式）

1. 中筋面粉480g，低筋面粉90g、淀粉30g，热水（65～70℃）390g，盐18g，泡打粉12g，猪油30g
2. 猪油60g，青葱80g

做　法

1. 材料1的盐先溶解于热水内；材料2的青葱洗净后彻底沥干，切成碎末备用。

2. 先将材料1的中筋面粉、低筋面粉、淀粉、泡打粉混合均匀倒入不锈钢盆内，加入**做法1**的热水，并用擀面棍搅拌成团，取出面团放置工作台上，再入猪油揉至光滑，放置一旁醒20～25分钟。

3. 将面团擀成0.5厘米厚的饼皮，抹上一层猪油、葱花（材料2），折叠成三层，此动作共重复三次（每折叠一次，撒上一层葱花及猪油），最后将面皮放置一旁盖上湿布醒20～30分钟。

4. 用直径8厘米的空心模型，将面皮压出一个一个圆形且微厚的面皮（图1），再用擀面棍轻轻擀成直径10～12厘米、厚约0.3厘米的面皮。

5. 平底锅预热后加入一层油，油热放入面皮以中火煎烙至两面酥脆且呈金黄色即可。

宜兰葱饼

●成品7~8个

材　料（烫面式）

中筋面粉420g，低筋面粉150g，淀粉30g，热水（60~65℃）360g，泡打粉3g，细砂糖12g，盐12g，猪油18g，青葱500g

做　法

1. 盐、糖入热水内溶解。中筋面粉、低筋面粉、淀粉、泡打粉混合均匀后倒入不锈钢盆内，加热水用擀面棍搅拌成团，放置工作台上，加入猪油揉至光滑，盖上湿布放置一旁醒15~20分钟。
2. 青葱洗净彻底沥干，切成0.5厘米长的葱花备用。
3. 醒好的面团分割成每个150克的小块，每块擀成厚0.4厘米、宽5~6厘米、长20厘米的长条形面皮，此时在面皮1/3处包入葱花，撒下少许盐卷成长条状（图1），再盘成螺旋状（图2）。
4. 平底锅预热后倒入一层油，待油热放入饼皮，以中小火煎烙至饼皮略微膨胀且两面呈现金黄色即成。

1

2

Tips

宜兰葱饼算是目前最流行的葱饼，要排队才买得到。不过，这种产品是否能历久不衰，持续受到大众欢迎，还有待评估。

非吃不可的人气面点

馅 饼

● 成品17～18个

材 料

中筋面粉300g，沸水150g，冷水60g

馅 料

肉馅500g，青葱150g，姜汁1/2大匙，清水4大匙

调味料

盐2小匙，酱油1大匙，糖2小匙，麻油1/2大匙，胡椒粉1小匙

Tips

馅饼的馅料均为碎肉，要加入一些清水搅拌，使肉熟后肉汁就会释放出来，于是肉质鲜嫩带汁。故吃馅饼时，先在饼皮上咬一个小洞，将汤汁倒入汤匙内尝鲜，接着再吃饼，否则会烫嘴的。

做 法

1. 中筋面粉倒入不锈钢盆内，先入沸水，接着倒入冷水，用擀面棍顺着同一方向快速搅拌成团（不锈钢盆内不能残留面粉），将面团放在工作台上，用双手揉至光滑，盖上湿布或用保鲜膜包紧密醒15～20分钟。

2. 分割为每个30克重的小面团，擀成厚0.3厘米、直径7～8厘米的圆面皮（工作台面上撒上少许中筋面粉以防面皮粘黏）。

3. 青葱洗净沥干切末待用，肉馅放入调味料拌匀，再入姜汁、清水（分两次倒入），顺着一个方向搅拌均匀，包馅时再入葱末拌匀。

4. 包入馅料（约40克），收口处捏紧，平底锅内倒入一层薄油，油热入饼，以中小火煎烙6～8分钟，至两面酥脆呈现金黄色（整个饼外形略微鼓起）（图1）。

1

韭菜合子

● 成品8～10个

材　料
中筋面粉500g，沸水250g，冷水100g

馅　料
韭菜200g，豆干6～7个，粉丝2把，鸡蛋5个，虾皮50g

调味料
盐2小匙，酱油1/2大匙，糖2小匙，麻油1/2大匙，胡椒粉1小匙

做　法

1. 中筋面粉倒入不锈钢盆内，先入沸水接着倒入冷水，用擀面棍顺着同一方向快速搅拌成团（不锈钢盆内不能残留面粉），将面团放在工作台上以双手揉至光滑，盖上湿布或用保鲜膜包紧醒面15～20分钟。

2. 分割为每个80～100克重的小面团，擀成厚0.5厘米、直径12～15厘米的圆面皮（工作台面上撒上少许中筋面粉以防面皮粘黏）。

3. 韭菜洗净沥干切碎备用，豆干冲洗切成薄片（长度1厘米），粉丝放入温水（55℃）浸泡20分钟后切碎（长度约1厘米）。炒锅内倒入2大匙色拉油，待油热入豆干、1/2大匙酱油炒香；鸡蛋搅散炒熟，用锅铲剁碎；虾皮冲洗挤干水分，入炒锅内倒入少许色拉油炒香。

4. 豆干、粉丝、鸡蛋、虾皮、调味料全部拌匀，准备包馅时再加入韭菜拌匀。

5. 包入馅料（约80克），面皮对折成半圆形，取一平盘在接口处切割（图1），将收口捏紧，剔除多余面皮（图2）。平底锅内倒入一层薄油，油热入饼以中小火煎烙5～6分钟，两面呈金黄色（整个饼略微鼓起）即成。

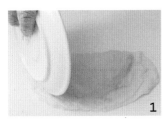

1

2

Tips

韭菜合子在北方家庭多搭配小米粥食用。韭菜合子也可以用干烙（即锅内不放油用小火慢慢烙）的方式熟成。

豆沙锅饼

●成品4~5个

材　料
中筋面粉500g，沸水250g，冷水100g，猪油15g

馅　料
红豆沙500g

做　法
1. 中筋面粉倒入不锈钢盆内，先入沸水，接着倒入冷水（图1），用擀面棍顺着同一方向快速搅拌成团（不锈钢盆内不能残留面粉，图2），将面团放在工作台上，入猪油以双手揉至光滑，盖上湿布或用保鲜膜包紧密醒15~20分钟。

2. 分割为每个200克重的面团，擀成0.5厘米厚的圆面皮（工作台面上撒上少许中筋面粉以防面皮粘黏），铺放一层红豆馅（约100克，图3），卷成长条状，再盘绕成圆形（图4），盖上湿布静置15~20分钟，用擀面棍轻轻擀压成0.5厘米厚。

3. 平底锅内倒入一层薄油，油热入饼以中小火煎烙5~6分钟，两面酥脆呈金黄色（整个饼略微鼓起）即成。

红豆沙

1

2

3

4

Tips

豆沙锅饼也有用面糊式的淋饼皮来做的（参考P50），那是家庭风味，用烫面制作口感较酥香，多在中型餐厅作为饭后甜点，另有枣泥、芋泥等口味。

荷叶饼

●成品12～14个

材料

中筋面粉500g，沸水250g，冷水100g

馅料

肉丝150g，韭黄100g，豆干4～5个，粉丝3把，香菇7～8朵，绿竹笋1/2个，胡萝卜100g，青葱1根，鸡蛋2个（图1）

调味料

盐2小匙，酱油1/2大匙，糖2小匙，鸡粉1小匙，胡椒粉1小匙

做法

1. 中筋面粉倒入不锈钢盆内，先入沸水接着倒入冷水，用擀面棍顺着同一方向快速搅拌成团（不锈钢盆内不能残留面粉），将面团放在工作台上以双手揉至光滑，盖上湿布或用保鲜膜包紧密醒15～20分钟。

2. 分割为每个60～70克重的面团，将两个面团重叠（两面团中间先蘸上一层色拉油，再蘸上一层面粉）（图2~图4），擀成直径10～12厘米、厚0.5厘米的圆面皮（工作台面上撒上少许中筋面粉，以防面皮粘黏，图5），放入平底锅内（不要放油）以中小火干烙，两面各烙2分钟，待皮呈焦黄色（面皮鼓胀）取出，趁热将两张面皮剥开（图6、图7），包入合菜馅料食用。

3. 馅料：肉丝入1/2大匙酱油、1小匙淀粉、1小匙糖、1/2大匙清水抓拌，韭黄洗净沥干切3～4厘米长，豆干冲洗切细条状，粉丝入冷水浸泡20分钟切段，竹笋、胡萝卜冲洗切丝，香菇入温水（45℃）泡软切丝，青葱冲洗切段。

4. 炒锅内入3大匙色拉油，油热入肉丝炒1分钟，待肉丝条条分开，将肉丝盛出，余油留在锅内爆香葱段，入豆干、香菇丝炒香，再入笋丝、酱油、胡椒粉炒香，续入粉丝、胡萝卜丝、盐、糖、鸡粉、清水半碗，炒至粉丝柔软，最后加入韭黄拌炒1分钟即成。

5. 鸡蛋打散，炒锅内入1大匙色拉油烧热，入蛋汁煎成薄蛋皮盛出，覆盖在合菜上，食用时再撕成小片状，一起与合菜食用。

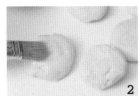

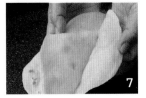

Tips

荷叶饼皮不含油，可以说是非常健康的面皮，除了包合菜（馅料）外，还可包烤鸭食用，需注意面皮烙好之后，要马上剥开，否则容易粘住。如果饼皮变得干硬，可放入电饭锅稍微蒸一下至回软即可食用。另外，荷叶饼可搭配小米粥食用。

锅 贴

● 成品22～25个

材 料

中筋面粉350g，沸水175g，冷水70g

馅 料

肉馅300g，虾仁200g，韭黄100g，姜汁1/2大匙

调味料

盐2小匙，酱油1大匙，糖2小匙，麻油1/2大匙，胡椒粉1小匙，清水1大匙

做 法

1. 中筋面粉倒入不锈钢盆内，先入沸水接着倒入冷水，用擀面棍顺着同一方向快速搅拌成团（不锈钢盆内不能残留面粉），将面团放在工作台上，以双手揉至光滑，盖上湿布或用保鲜膜包紧密醒15～20分钟。

2. 分割为每个25～30克重的小面团，擀成直径6～7厘米、厚0.4厘米的圆面皮（工作台面上撒上少许中筋面粉以防面皮粘黏）。

3. 韭黄洗净沥干切碎，虾仁冲洗两次沥干切成丁状。

4. 肉馅放入调味料拌匀，再入虾仁、姜汁拌匀，包馅时再入韭黄拌匀。

5. 面糊水：即中筋面粉（2）：清水（10）混合均匀，也可用淀粉（2）：清水（8）混合均匀。

6. 取做法2面皮包入馅料（每个约30克），面皮对折捏紧（图1），再用指头将两边拉直收口（图2）。

7. 平底锅内倒入一层薄油，油热一个一个放入锅贴，排满之后再倒入面糊水（水量淹过锅贴两边的收口处，图3），以中小火煎5～6分钟，再将火力转至中火续煎1～2分钟，盛出底部酥脆面朝上。

煎 饺

●成品约5个

材 料
中筋面粉450g，淀粉50g，温水
（50~55℃）250g

馅 料
肉馅300g，甘蓝600g，韭菜100g，
姜汁1/2大匙

调味料
盐1小匙，酱油1大匙，糖2小匙，麻
油1/2大匙，胡椒粉 1小匙

做 法

1. 中筋面粉、淀粉混合倒入不锈钢盆内，加入温水用
   手顺着同一方向快速搅拌成团（不锈钢盆内不能残
   留面粉），将面团放在工作台上揉至光滑，盖上湿
   布或用保鲜膜包紧密醒15~20分钟。

2. 将面团分割为每个20~25克重的小面团，擀成直径
   5~6厘米、厚0.4厘米的圆面皮（工作台面上撒上
   少许中筋面粉，以防面皮粘黏）。

3. 甘蓝洗净沥干切细，加入少许盐抓拌均匀，静置
   15~20分后呈柔软状挤掉水分备用。韭菜洗净沥干
   切碎。肉馅放入调味料拌匀，再入姜汁拌匀，准备
   包馅时再入甘蓝、韭菜拌匀。

4. 包入馅料（每个约30克）捏成元宝状，平底锅内倒
   入一层薄油，油热放入饺子一个接一个排满，再倒
   入面糊水(水量约饺子的一半)，以中小火煎4~5分
   钟，再将火力转至中火续煎1~2分钟，盛出底部酥
   脆面朝上。

Tips
小时候妈妈们将吃剩的水饺放入锅内
回锅煎热食用，就叫煎饺。现在街头
贩卖的煎饺，都用机器压制的水饺皮
来包，趁热吃还算可口，但冷却了面
皮就硬了不好吃，故应用汤面的手法
来制作煎饺。

Tips

面食馆另有牛肉等口味的蒸饺。面皮加入淀粉、澄粉，为的是使面皮呈透明状；澄粉又有"汀粉"、"澄面"、"小麦淀粉"等名称。

蒸饺

● 成品25～28个

材　料

中筋面粉150g，淀粉75g，澄粉75g，热水（60～65℃）195g，猪油15g

馅　料

肉馅350g，冷冻虾仁200g，青葱2根，姜汁1/2大匙

调味料

盐2小匙，酱油1/2大匙，糖2小匙，麻油1/2大匙，胡椒粉1小匙

做　法

1. 中筋面粉、淀粉、澄粉过筛倒入不锈钢盆内，入热水用擀面棍顺着同一方向快速搅拌成团（不锈钢盆内不能残留面粉），将面团放在工作台上加入猪油，以双手揉至光滑，盖上湿布或用保鲜膜包紧密醒15～20分钟。

2. 分割为每个18～20克重的小面团，擀成直径5～6厘米、厚0.4厘米的圆面皮（工作台面上撒上少许中筋面粉，以防面皮粘黏）。

3. 虾仁洗净沥干切丁，青葱洗净沥干切碎，肉馅放入调味料拌匀，再入姜汁、清水2大匙拌匀，放入冰箱冷藏待用，准备包馅时再入葱花、虾仁拌匀。

4. 包入馅料（每个馅重约30克）折捏成元宝状（图1～图3），放入蒸笼内以大火蒸5～6分钟即成。

烧 卖

●成品24～25个

材 料

中筋面粉150g，淀粉75g，澄粉75g，热水（60～65℃）195g，猪油15g

馅 料

肉馅350g，冷冻虾仁200g，青葱2根，姜汁1/2大匙

调味料

盐2小匙，酱油1/2大匙，糖2小匙，麻油1/2大匙，胡椒粉1小匙

1

2

3

做 法

1. 面粉、淀粉、澄粉过筛，倒入不锈钢盆内，入热水用擀面棍顺着同一方向快速搅拌成团（不锈钢盆内不能残留面粉），将面团放在工作台上，加入猪油以双手揉至光滑，盖上湿布或用保鲜膜包紧密醒15～20分钟。

2. 分割为每个20克重的小面团，擀成直径5～6厘米、厚0.4厘米的圆面皮（工作台面上撒上少许中筋面粉，以防面皮粘黏），面皮须为中央厚、四周薄，且以擀面棍头压成褶皱（图1、图2）。

3. 虾仁洗净沥干切丁，青葱洗净沥干切碎。肉馅放入调味料拌匀，再入姜汁、清水2大匙拌匀，放入冰箱冷藏备用，准备包馅时再入葱花、虾仁拌匀。

4. 包入馅料（馅重每个约30克）捏成圆柱花状（图3），放入蒸笼内大火蒸5～6分钟。

Tips

烧卖与蒸饺皮相通，形状却不同，在广东茶楼是很有名的点心，它名字系由"烧好就卖"而取之，蒸好趁热食用最美味。

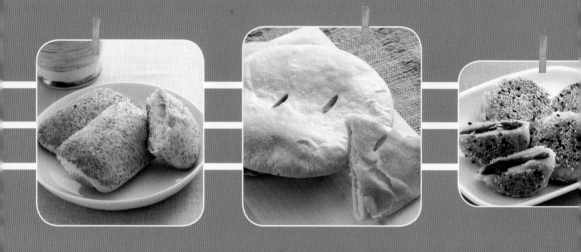

油酥面篇 ▶▶▶

最热卖的人气名点
大排长龙的美味名饼

最热卖的人气名点

Tips

在烘焙店卖的咸蛋黄，都已剥壳处理好了，杂货店卖的是红泥土裹覆的生咸蛋，必须将泥巴洗净、硬壳去掉、蛋白蛋黄分开，十分费工夫，不过，蛋黄香又大粒。市售蛋黄酥在表面均匀地刷上全蛋汁后，也会撒上芝麻，可随喜好自行调整。

蛋黄酥

● 成品28～29个

油 皮

中筋面粉400g，糖50g，猪油120g，水160g

油 酥

低筋面粉350g，猪油175g

馅 料

红豆沙1000g，咸蛋黄28～29个

做 法

1. 油皮：中筋面粉等全部材料混合搅拌均匀（图1），揉至光滑，放置一旁盖上湿纱布松弛20～25分钟，分割成每个重25克小面团。

2. 油酥部分：低筋面粉、猪油轻轻拌和均匀即可，分割成每个18克（图2）。

3. 咸蛋黄表面喷上一层薄米酒，放入烤箱烤（炉温200℃/210℃）3分钟；红豆沙（每个35克）包入蛋黄搓揉成球状备用。

4. 油皮包入油酥（图3～图5），连续擀折两次后（图6～图9），卷成筒柱状（图10），盖上湿布醒20～25分钟，擀成直径6～7厘米大的圆面皮，包入豆沙球收口捏紧（图11），表面刷全蛋汁（图12），放入烤箱以炉温上下为200℃/210℃，烤26～28分钟。

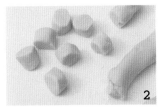

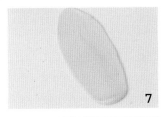

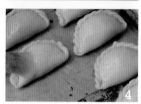

咖喱饺

●成品约25个

油 皮
中筋面粉300g，糖50g，猪油90g，水120g

油 酥
低筋面粉250g，猪油125g

馅 料
肉馅250克，马铃薯（中）2个，洋葱半个，盐2小匙，鱼露1大匙，咖喱粉2¹/₂大匙

Tips
咖喱饺因内馅含咖喱粉而称之，加入马铃薯泥是地道的印度风味，成品很有饱足感，收口处要收好，否则容易爆馅。

做 法

1. 油皮：中筋面粉等全部材料混合揉至光滑，盖上湿布放置一旁醒20~25分钟，分割成每个重20克的小面团。

2. 油酥：低筋面粉、猪油轻轻拌和均匀即可，分割成每个15克。

3. 洋葱切细，马铃薯洗净蒸熟，趁热将皮撕弃，用大汤勺压成泥状。

4. 炒锅热入3大匙色拉油，油热爆香洋葱末，放入肉馅炒至出油，续入咖喱粉、鱼露、盐等拌炒均匀，最后加入马铃薯泥拌匀，盛出冷却备用。

5. 油皮包入油酥，连续擀折两次，卷成筒柱状后20~25分钟，擀成直径6~7厘米大的圆面皮，每一个包入30克馅料（图1），对折捏紧（图2），再将收口处的面皮扭成辫子状（图3），表面刷全蛋汁（图4），放入烤箱以炉温200℃/210℃烤26~28分钟。

芋头酥

● 成品约25个

油 皮

高筋面粉150g，低筋面粉150g，糖30g，猪油90g，水120g，芋头香料10g

油 酥

低筋面粉250g，猪油125g

馅 料

芋头（大）1个，咸蛋黄25个

做 法

1. 油皮：高、低筋面粉等全部材料混合搅拌均匀，揉至光滑，放一旁盖上湿纱布醒20～25分钟，分割成每个重20克的小面团。

2. 油酥：低筋面粉、猪油轻轻拌和均匀，分割成每个15克。

3. 咸蛋黄表面喷上一层薄米酒，入烤箱烤（炉温200℃/210℃）3分钟；芋头削皮切片，蒸熟趁热用大汤勺压碎成泥，马上加入细砂糖（约为芋泥重量的60％）混合均匀（如果馅料太湿黏，可加入玉米粉调节），芋泥馅（30克）包入咸蛋黄，搓成球状备用。

4. 油皮包入油酥，连续擀折两次后，卷成筒柱状的面团，盖上湿布醒20～25分钟，面团垂直压平，再擀成直径6～7厘米大的圆面皮，包入芋泥球收口捏紧，放入烤箱以炉温上下200℃/210℃烤26～28分钟。

Tips

芋头香料可以到烘焙店购买，它的芋头香气非常香浓，颜色很深。事实上新鲜的芋头颜色是淡淡的紫色，如果不在乎芋头酥的香气与颜色，那就少吃一些人工香料吧！

油皮蛋挞

●成品20～21个

油 皮

中筋面粉300g，糖30g，猪油90g，水120g

油 酥

低筋面粉240g，猪油120g

馅 料

全蛋8个，蛋黄3个，卡士达粉20g，细砂糖240g，奶粉45g，清水500g，盐3g

模 型

铝箔模型盒20～21个

做 法

1. 油皮部分：全部材料混合搅拌均匀，揉至光滑，放一旁盖上湿纱布松弛20～25分钟，分割成每个重25克的小面团（图1）。

2. 油酥部分：低筋面粉、猪油轻轻拌和均匀即可，分割成每个18克（图2）。

3. 馅料部分：全蛋、蛋黄轻轻搅散入其他所有材料用网状打蛋器轻轻拌和均匀过滤待用（图3）。

4. 油皮包入油酥，连续擀折两次后，卷成筒柱状（图4），盖上湿布醒20～25分钟，擀成直径7～8厘米大的圆面皮，铺在铝箔模型盒上，用手压紧贴合，将多余的边缘扭折成小辫子状（图5）。

5. 倒入过滤好的蛋汁，放烤盘入烤箱以炉温上下150℃/175℃烘烤30～35分钟（图6）。

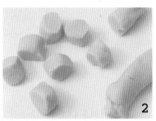

Tips

蛋挞的馅料不要大力搅拌，若蛋汁起泡泡会让烤出来的挞馅粗糙不滑口。另外，可以先将铺好面皮的铝箔盒放在烤盘上，先倒入蛋汁直接抬起烤盘送入烤箱，避免多次移动让蛋汁溢出来。

大甲奶油酥饼

●成品约10个

油皮
高筋面粉300g,低筋面粉300g,泡打粉9g,色拉油180g,细砂糖40g,水180g

油酥
低筋面粉180g,色拉油150g

糖馅
糖粉1000g,麦芽膏150g,奶油150g,水100g,低筋面粉150g

Tips
台湾的奶油酥饼非常有名,它跟太阳饼很类似,饼皮酥松带点脆硬且奶香味浓,食用时不要切太小片,因为它的皮层酥脆容易碎散了。

做 法

1. 油皮:高筋面粉、低筋面粉、泡打粉过筛,加入糖、水、色拉油搅拌均匀,揉至光滑,放一旁盖上湿纱布醒20~25分钟。

2. 油酥:低筋面粉、色拉油轻轻搅拌均匀。

3. 糖馅:糖粉、麦芽膏拌在一起拉丝、拉散,奶油、水、低筋面粉拌成团,再与麦芽膏拌成团待用(图1)。

4. 油皮面团擀开0.5厘米,包入油酥连续擀折两次后,卷成筒柱状,盖上湿布醒25~30分钟,将筒柱状的面团搓长后,分割成重100克的面团,擀成直径7~8厘米大的圆面皮,包入150克糖馅,收口捏紧醒15~20分钟,再用擀面棍轻轻将饼皮擀成直径14~15厘米,在表面上戳两个洞,放入烤盘内(烤盘抹上一薄层色拉油)。

5. 炉温上下190℃/200℃,烤20~25分钟。

1

绿豆凸

●成品27～28个

油 皮

中筋面粉320g，低筋面粉80g，
糖粉12g，猪油160g，水160g

油 酥

低筋面粉320g，猪油160g

馅 料

1. 绿豆沙泥1500g
2. 肉燥馅：肉馅300g，盐1小匙，
酱油1大匙，糖2小匙，五香粉1
小匙，红葱酥50g，白芝麻30g

做 法

1. 油皮：面粉等全部材料混合拌均匀，揉至光滑，放
   一旁盖上湿纱布松弛20～25分钟，分割成每个重25
   克的小面团。
2. 油酥：低筋面粉、猪油轻轻拌和均匀，分割成每个
   18克。
3. 肉燥馅：炒锅烧热，入1大匙色拉油，油热入肉馅炒
   至出油，续入盐、酱油、糖、五香粉、红葱酥、白
   芝麻等拌炒均匀冷却备用。
4. 将50克绿豆沙泥包入15克肉燥馅，搓揉成圆球状备
   用（图1）。
5. 油皮包入油酥，连续擀折两次后，卷成筒柱状，盖
   上湿布醒20～25分钟，擀成直径6～7厘米大的圆面
   皮，包入**做法4**的豆沙球，收口捏紧，用手掌轻轻压
   至1厘米的厚度，放入烤箱以炉温上下160℃/180℃烤
   26～28分钟。

1

Tips

绿豆凸在烤的过程中需注意火
候，尤其饼的表面不要烤到焦
黄色，如果烤箱过热，可以用
铝箔纸遮盖住表面烘烤。

方块酥

● 成品15～18个

油 皮
中筋面粉200g，泡打粉3g，细砂糖20g，猪油4g，水140g，盐2g

馅 料
低筋面粉440g，猪油260g，粒砂糖200g，盐2g

表面蘸料
白芝麻50克

Tips
成品正方的块状，酥酥脆脆的，因此称之"方块酥"。这是配茶的好点心，馅料内也可以加入一些花生粉、黑芝麻粉、椰子粉，做出三种不同的风味。

做 法

1. 油皮：中筋面粉、糖、泡打粉、盐等材料混合均匀，加入猪油、水搅拌均匀，揉至光滑，放一旁盖上湿纱布醒20～25分钟。

2. 馅料：低筋面粉、猪油、糖、盐轻轻拌和均匀。

3. 油皮包入馅料，成一个大面团，放置一旁盖上湿布醒10～15分钟后，用擀面棍将面团擀成0.6～0.8厘米厚的面皮（图1），折叠成三折（连续三次折叠），醒20～30分钟，表面撒上一层白芝麻，再将厚面皮擀成0.5厘米厚度，切成6厘米×6厘米面积大的正方形（图2）。

4. 芝麻面朝下，放入烤箱以炉温上下火180℃/200℃烤6分钟，翻面再烤至呈金黄色即可出炉。

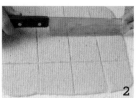

杠 饼

● 成品17～18个

油 皮

高筋面粉150g，低筋面粉150g，糖粉30g，猪油90g，水120g，苏打粉4.5g，泡打粉3g

油 酥

低筋面粉280g，猪油140g

做 法

1. 苏打粉加入2小匙清水溶解。
2. 油皮：高筋面粉、低筋面粉、糖粉、泡打粉等材料混合均匀，加入猪油、水、苏打水搅拌均匀，揉至光滑，放一旁盖上湿纱布醒20～25分钟，分割成每个重30克的小面团。
3. 油酥：低筋面粉、猪油轻轻拌和均匀，分割成每个25克。
4. 油皮包入油酥，连续擀折两次后，卷成筒柱状的面团，盖上湿布醒20～25分钟，接着再擀成直径5～6厘米大的圆面皮，再收口捏紧成圆扁状（图1、图2），放入烤箱以炉温上下210℃/230℃烤18～20分钟。

Tips

杠饼，是台湾古早味的饼类产品，通常将饼捏碎后，放入甜花生汤拌食，花生的浓郁味搭配饼皮的酥香，风味独特；杠饼尤其是台南的特产，台南人将杠饼挖一个小洞，放入鸡蛋，再用麻油、姜片小火煎一下，内软外脆，香气十足，所以又叫香饼，是妇女坐月子的滋补圣品；白胖圆凸的外形，也叫凸饼。

Tips

烘烤椰蓉酥的时候，要特别注意烤箱的炉温，随时观看饼皮，表面的椰子粉不要烤焦了。

椰蓉酥

● 成品27～28个

油 皮
中筋面粉350g，糖50g，猪油140g，水140g

油 酥
低筋面粉340g，猪油170g

馅 料
糖粉320g，低筋面粉220g，椰子粉180g，奶油180g，全蛋1个

表面蘸料
鸡蛋1个，椰子粉100g

做 法

1. 油皮：中筋面粉等全部材料混合搅拌均匀，揉至光滑，放置一旁盖上湿纱布醒20～25分钟，分割成每个重25克的小面团。

2. 油酥：低筋面粉、猪油轻轻拌和均匀，分割成每个18克。

3. 馅料：糖粉、低筋面粉、椰子粉、奶油、蛋全部混合均匀轻轻拌成团。

4. 油皮包入油酥，连续擀折两次后，盖上湿布醒20～25分钟，擀成直径6～7厘米大的圆面皮，包入椰蓉馅（35克），收口捏紧，放置一旁盖上湿布醒20～25分钟，再用擀面棍擀折三层（2次）（图1～图3），表面刷全蛋汁，蘸上一层椰子粉，放入烤箱以炉温上下170℃/180℃烤22～25分钟。

小酥饼

●成品24～25个

油 皮
中筋面粉400g，温水（50℃）200g，猪油40g，泡打粉8g，细砂糖20g

油 酥
低筋面粉240g，猪油120g

馅 料
肥肉200g，葱末300g，盐3小匙，鸡粉1小匙，白胡椒粉2小匙

表面蘸料
白芝麻适量

做 法

1. 油皮：中筋面粉、泡打粉过筛，猪油、糖、温水混合均匀，将面粉倒入搅拌均匀，揉至光滑，放置一旁盖上湿纱布醒20～25分钟。

2. 油酥：低筋面粉、猪油轻轻拌和均匀。

3. 馅料：肥肉、盐、鸡粉、胡椒粉拌匀，再入葱末拌匀。

4. 油皮包入油酥，成一大面团，用擀面棍擀成0.5厘米厚的大面皮，卷成长条形，醒15～20分钟，再擀成直径3厘米的长面条，分割成40克重的小面团，擀成4～5厘米的圆面皮，包入20克馅料，收口捏紧，表面刷上一层水，并蘸上白芝麻。

5. 放入烤箱（烤盘抹上一层薄油），以炉温上下火180℃/190℃，烘烤20～22分钟。

Tips

一个小小的酥饼，可以创造不小的商机，你也试试吧！

大排长龙的美味名饼

新疆饼

●成品约12个

饼 皮

中筋面粉350g，低筋面粉150g，泡打粉10g，温水150g，白油75g，盐15g，糖30g

油 酥

低筋面粉100g，芝麻酱200g，色拉油150g

馅 料

青葱400g，盐40g，鸡粉10g，五香粉5g，黑、白胡椒粉各5g

表面蘸料

生白芝麻适量

做 法

1. 盐、糖入温水溶解，青葱洗净沥干切细。盐、鸡粉、五香粉，黑、白胡椒粉拌匀备用。
2. 油酥：低筋面粉、芝麻酱、色拉油轻轻拌匀备用。
3. 饼皮：中筋面粉、低筋面粉、泡打粉混合过筛，加入**做法1**水搅拌成团，再入白油、油酥揉至均匀光滑，放置一旁盖上湿纱布醒25~30分钟。
4. 再将面团擀成厚0.4厘米、宽15厘米的长面皮，撒上一层**做法1**拌匀的调味料（图1），铺上一层葱末（图2），折成三层（图3），切割成长8~9厘米饼皮（图4），表层刷上一层清水再蘸上一层白芝麻（图5），放入烤盘（盘底抹上一层色拉油），彼此间隔1~2厘米，以炉温上下200℃/230℃烤25~28分钟。

Tips

新疆饼近两三年非常热门，要订购长达两个多月才吃得到，读者在尚未购得新疆饼之前，自己先照着食谱试做解解馋吧！

鲜肉长酥饼

● 成品约20个

油 皮
中筋面粉300g，温水（50℃）120g，猪油60g，泡打粉3g，细砂糖15g

油 酥
低筋面粉200g，猪油100g

馅 料
肉馅600g，青葱2根，姜片3片

调味料
盐2小匙，酱油1.5大匙，鸡粉1小匙，白砂糖2小匙，麻油1/2大匙，米酒1/2大匙，胡椒粉1小匙

做 法

1. 青葱洗净与姜片用刀背拍扁，放入深碗内，加入半碗清水，浸泡10～15分钟，滤掉葱姜渣，即称"葱姜水"（图1）。

2. 馅料：肉馅放入调味料拌匀，再入3大匙葱姜水搅拌至肉有黏性，放入冰箱冷藏备用。

3. 油皮：面粉、泡打粉过筛。猪油、糖、温水混合均匀，将面粉倒入搅拌均匀，揉至光滑，放置一旁盖上湿纱布醒20～25分钟，分割成每个重25克的小面团。

4. 油酥：低筋面粉、猪油轻轻拌和均匀，分割成每个15克。

5. 油皮包入油酥，连续擀折两次后，卷成筒柱状，盖上湿布醒20～25分钟，再擀成直径7～8厘米大的圆面皮，包入30克馅料，折叠卷成长条状（图2~图4）。

6. 平底锅开小火，先预热3分钟，倒入一薄层油，油热放入酥饼，以中小火四面各烙5～6分钟（锅底没有油时要随时补充），烙至面皮呈现金黄色即成。

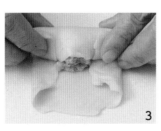

Tips

鲜肉长酥饼运用了萝卜丝饼的饼皮，包肉馅做成咸味的点心。也可入烤箱以烤炉温180℃/200℃烤22～25分钟，烤得较脆硬，烙得较酥软，两者都好吃。

豆沙酥饼

● 成品24~25个

油 皮
中筋面粉300g，温水（50℃）120g，猪油60g，泡打粉3g，细砂糖15g

油 酥
低筋面粉240g，猪油120g

馅 料
红豆沙600g

表面蘸料
黑、白芝麻适量

做 法

1. 油皮：中筋面粉、泡打粉过筛。猪油、糖、温水混合均匀，将面粉倒入搅拌均匀，揉至光滑，放置一旁，盖上湿纱布醒20~25分钟，分割成每个重20克的小面团（图1）。
2. 油酥：低筋面粉、猪油轻轻拌和均匀即可，分割成每个15克（图2）。
3. 油皮包入油酥（图3），连续擀折两次后，卷成筒柱状（图4），盖上湿布，醒20~25分钟，擀成直径6~7厘米大的圆面皮，包入25克馅料，收口捏紧，表面刷上一层水，并蘸上黑、白芝麻。
4. 取一平底锅，开小火预热3分钟，倒入半碗色拉油，油热放入饼（蘸芝麻面朝下），以中小火烙5~6分钟，再翻面烙5~6分钟（每个面烙两次），待面皮呈现金黄色即成（全部烙的时间大约20分钟）。

芋泥

枣泥

内馅料也可改换枣泥、芋头馅等口味。

萝卜丝酥饼

●成品24~25个

油 皮
中筋面粉300g，温水（50℃）120g，猪油60g，泡打粉3g，细砂糖15g

油 酥
低筋面粉240g，猪油120g

馅 料
白萝卜（大）1个，火腿200g，虾米50g，青葱100g

调味料
盐2小匙，鸡粉1小匙，胡椒粉1小匙

表面蘸料
白芝麻适量

Tips
萝卜丝酥饼是苏杭宴席的饭后点心，用重油小火慢慢烙，油放少了，皮层酥松口感就差一些了。江浙人喜爱火腿风味，与萝卜丝搭配做馅料，鲜味一绝！

做 法

1. 萝卜削皮切丝，入2小匙盐抓拌均匀，腌渍15分钟后挤干水分；虾米泡软切碎；火腿切细丁；青葱洗净沥干切细备用。

2. 炒锅入1/2大匙色拉油，油热爆香虾米，再入火腿丁拌炒均匀，盛出冷却备用。

3. 馅料：萝卜丝、炒香的火腿虾米、调味料、青葱一起拌匀。

4. 油皮：面粉、泡打粉过筛。猪油、糖、温水混合均匀，将面粉倒入搅拌均匀，揉至光滑，放置一旁盖上湿纱布醒20~25分钟，分割成每个重20克的小面团。

5. 油酥：低筋面粉、猪油轻轻拌和均匀，分割成每个15克。

6. 油皮包入酥皮，连续擀折两次后，卷成筒柱状，盖上湿布醒20~25分钟，擀成直径6~7厘米大的圆面皮，包入**做法3**馅料，收口捏紧，表面刷上一层水，并蘸上白芝麻。

7. 取一平底锅，开小火预热3分钟，倒入半碗色拉油，油热放入饼（蘸芝麻面朝下），以中小火烙5~6分钟，翻面再烙5~6分钟（每个面烙两次），待面皮呈金黄色即成（全部烙的时间大约20分钟）。

酥炸萝卜丝饼

● 成品15~16个

材　料

中筋面粉75g，低筋面粉300g，淀粉125g，泡打粉10g，热水（55~60℃）250g，盐5g，糖15g，猪油50g

馅　料

白萝卜（中型）1个，青葱200g

调味料

盐2小匙，鸡粉1小匙，胡椒粉1小匙

做　法

1. 青葱洗净沥干切细；白萝卜削皮切丝，入1小匙盐抓拌均匀，放置15分钟挤干水分，入调味料拌匀，再入葱末拌匀备用。

2. 中筋面粉、低筋面粉、淀粉、糖、盐、泡打粉过筛，倒入不锈钢盆内，先入热水用擀面棍顺着同一方向快速搅拌成团（不锈钢盆内不能残留面粉），将面团放在工作台上，加入猪油以双手揉至光滑，盖上湿布或用保鲜膜包紧密醒15~20分钟。

3. 分割为每个45~50克重的面团，用手掌压薄，包入**做法1**萝卜丝馅（约30克）捏合收口。

4. 平底锅内入色拉油（半锅），油温160~170℃，入饼以中火炸至酥脆、饼面呈现金黄色即成（图1）。

Tips

酥炸的萝卜丝饼可以创业糊口，你也试试看吧！

Tips

品尝葱肉烤饼肉馅的鲜美，也要
尝一尝饼皮的酥脆。绞肉要搅两
次，青葱也要切细一点，比较容
易烤熟，而且饼皮也比较不会烤
到破裂。

葱肉烤饼

● 成品20~21个

油 皮
中筋面粉300g，温水（50℃）
120g，猪油60g，泡打粉
3g，细砂糖15g

油 酥
低筋面粉240g，猪油120g

馅 料
肉馅500g，葱末100g，盐3
小匙，酱油1/2大匙，鸡粉1
小匙，白胡椒粉2小匙

表面蘸料
全蛋汁、白芝麻适量

做 法

1. 油皮：面粉、泡打粉过筛。猪油、糖、温水混合均匀，将面粉倒入搅拌均匀（图1），揉至光滑（图2），放置一旁，盖上湿纱布醒20~25分钟（图3）。
2. 油酥：低筋面粉、猪油轻轻拌和均匀（图4）。
3. 馅料：肉馅、盐、鸡粉、酱油、胡椒粉拌匀，再入葱末拌匀。
4. 油皮包入油酥，连续擀折两次后，卷成筒柱状盖上湿布醒20~25分钟，分割成40克重的小面团，擀成6~7厘米大的圆面皮，包入30克的馅料，收口捏紧，表面刷上一层全蛋汁（图5），蘸上白芝麻（图6）。
5. 放入烤箱（烤盘抹上一层薄油），以炉温上下火190℃/200℃，烤18~20分钟。

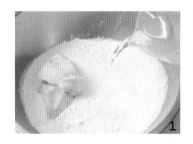

图书在版编目（CIP）数据

面食就要这样做 / 赵柏淯著. —沈阳：辽宁科学技术出版社，2011.10
 ISBN 978-7-5381-7159-4

Ⅰ.①面… Ⅱ.①赵… Ⅲ.①面食—食谱 Ⅳ.①TS972.132

中国版本图书馆CIP数据核字（2011）第197711号

出版发行：辽宁科学技术出版社
　　　　　（地址：沈阳市和平区十一纬路29号　邮编：110003）
印 刷 者：辽宁美术印刷厂
经 销 者：各地新华书店
幅面尺寸：**168mm×236mm**
印　　张：**6.5**
字　　数：100千字
出版时间：2011年10月第1版
印刷时间：2011年10月第1次印刷
责任编辑：康　倩
封面设计：袁　舒
版式设计：袁　舒
责任校对：徐　跃

书　　号：ISBN 978-7-5381-7159-4
定　　价：28.00元

投稿热线：024-23284367　联系人：康　倩　编辑　987642119@qq.com
邮购热线：024-23284502